십대들을 위한
좀 만만한
수학책

십대들을 위한
좀 만만한 수학책

발행일 2021년 03월 02일 초판 1쇄 발행
2024년 10월 31일 초판 3쇄 발행
지은이 오세준
발행인 방득일
편 집 박현주·강정화
디자인 강수경
마케팅 김지훈

발행처 맘에드림
주 소 서울시 도봉구 노해로 379 대성빌딩 902호
전 화 02-2269-0425
팩 스 02-2269-0426
e-mail momdreampub@naver.com

ISBN 979-11-89404-44-4 44410
ISBN 979-11-89404-03-1 44080 (세트)

※ 책값은 뒤표지에 있습니다.
※ 잘못된 책은 구입처에서 교환하여 드립니다.

어쩌다 마주친 재미있는 수학 이야기

십대들을 위한 좀 만만한 수학책

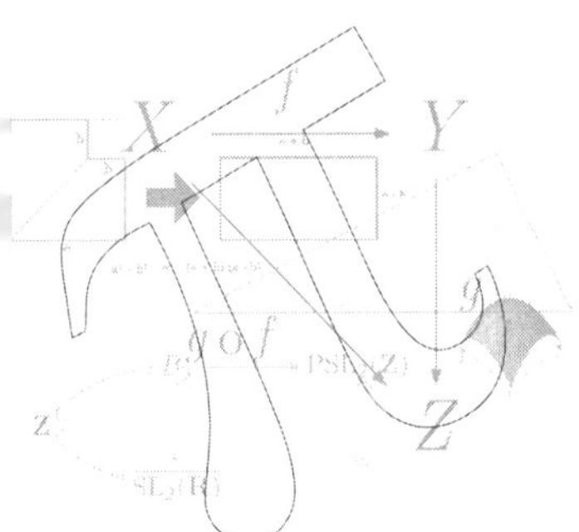

오 세 준 지음

맘에드림

수학은 재밌는 이야깃거리가 넘치는 드라마다

수학 교사인 저는 모든 학생들이 시간 가는 줄 모르고 수학에 몰입할 수 있는 재미있는 수업을 꿈꿉니다. 마치 좋아하는 웹드나 미드의 다음 회차를 기다리는 것처럼 수업시간을 손꼽아 기다리고, 드라마의 스토리텔링에 빠져드는 것처럼 수업시간에 수학이 들려주는 이야기에 깊이 빠져드는 거죠. 그리고 수업시간이 끝나면 친구들과 함께 다음 시간의 내용을 추리하면서 수학에 관한 즐거운 대화를 이어가는 것입니다. 물론 현실에서는 '수학'의 '수'자만 들어도 몸서리를 치거나 위축되는 학생들을 많이 만납니다. 너무 성급하게 수학을 포기해버리는 학생들을 볼 때마다 늘 안타까웠습니다. 어쩌면 수학의 매력을 평생 모른 채 살아갈지도 모르니까요. 그래서 이 기회를 통해 감히 말하고 싶습니다. 수학은 정말 재미있는 한편의 드라마라고 말입니다. 게다가 지금 이 순간에도 수학에 관한 흥미진진한 이야깃거리는 끝없이 만들어지고 있습니다.

인물, 사건, 배경이 생생하게 살아 있는 수학 드라마

수학을 드라마에 비유했는데, 수학은 정말로 한 편의 드라마입니다. 무엇보다 수학에는 드라마처럼 인물과 사건, 배경 등이 모두 존재하죠. 수학의 인물과 사건, 배경은 매우 긴밀하게 상호작용하면서 흥미진진한 이야기들을 만들어내기 때문에 실제 드라마로 만들어도 손색이 없을 정도입니다. '기하'라는 제목으로 드라마를 한 편 쓴다고 생각해볼까요? 벌써부터 시즌 1로 끝내기 어려운 대하드라마가 예상됩니다.

드라마의 주인공은 두 직선입니다. '남직선' 씨와 '여직선' 씨죠. 드라마의 초반에는 캐릭터에 대한 이해를 돕기 위해 인물, 배경을 소개하는데, '기하' 드라마도 마찬가지입니다. 주인공 직선들은 어떻게 탄생했는지, 직선들이 살고 있는 시대 배경인 평면은 무엇인지 등등에 대한 이야기들이 만들어집니다.

각자 홀로 존재하던 직선의 세상에서 두 직선이 만나게 되면 한층 이야기가 흥미진진해집니다. 드라마에서 인물관계도를 그려서 내용 전개를 안내하는 것처럼 두 직선의 위치관계를 이야기하다 보면 이야기의 전개 방향도 예측해볼 수 있습니다. 드라마에서 서로 갈등을 좁히지 못한 채 고조되고 절정으로 치닫는 것처럼 때로는 두 직선이 교점(交點)을 찾을 수 없게 평행선을 달리기도 합니다. 반대로 결국 갈등이 해소되고 행복한 결말을 맞는 것처럼 두 직선이 어느 지점에서 서로 만나거나 하나의 선으로 일치하기도 합니다. 그렇게 '기하' 시즌 1이 끝나면 곧이어 시즌2가 이어집니다. 대체로 인기 시리즈는 속편으로 갈수록 주인공도 함께 강력해지죠. 능력치가 올라가거나 뭔가 각성을 통해 더 큰 힘을 갖게 되는 것처럼 기하도 마찬가지입니다. 이제 더 이상 두 직선이 아닌 두 평면으로 '남평면' 씨와 '여평면' 씨가 새로운 이야기들을 만들어냅니다. 직선일 때보다 훨씬 더 다양하고 흥미진진한 이야기가 기다리고 있죠.

수학 캐릭터를 통해 알아가는 수학의 참모습

이처럼 수학은 다양한 인물, 사건, 배경이 존재하는 재미있는 이야기가 넘치는 드라마입니다. 좋아하는 드라마일수록 애정을 갖고 좋아하는 인생 캐릭터가 있기 마련이죠. 그런데 수학도 다양한 매력적인 캐릭터들이 넘쳐납니다.

"함수, 거참 재밌는 녀석이군!"

"황금비, 넌 이리 보고, 저리 봐도 참 아름답구나!"

앞으로 여러분은 이 책에서 수학에 관한 여러 등장인물들을 만나게 될 것입니다. 드라마를 보거나 소설책을 읽을 때 등장인물의 캐릭터를 파악하는 것은 전체적인 내용과 흐름을 이해하는 데 큰 도움을 줍니다. 때론 등장인물이 미래에 어떤 행동을 할지 예측하는 단

서가 되기도 하죠. 또 등장인물 중에서 마음에 드는 애착 캐릭터를 발견하면 이야기에 훨씬 더 몰입할 수 있고, 이야기를 더욱 깊이 이해할 수 있습니다. 마찬가지로 이 책을 읽으며 등장인물을 살펴보고 그들의 특징을 이해하면서 여러분들이 좋아하는 수학 캐릭터를 하나쯤 갖게 되길 바랍니다.

누군가를 좋아하면 그 사람에 대해서 더 알고 싶고, 그 사람에게 잘 보이기 위해서 노력하는 것이 인지상정입니다. 수학에서 좋아하는 캐릭터를 만든다면 수학과 친해지는 한편, 수학의 참모습을 알아가는 데 분명 큰 도움이 될 것입니다. 그리고 혹시 지금껏 수학이 너무 어렵다고 생각해서 선뜻 다가서지 못했다면, 이 책을 통해 조금은 만만하게 생각할 수 있었으면 합니다. 그래서 비록 여러분의 삶 속에서 지금까지 수학이 늘 '지나가는 악당1' 같은 마주치기 싫은 단역으로만 등장했다면, 이 책을 통해 친근하고 매력적인 친구로 탈바꿈하기를 기대해봅니다.

이 책이 나오기까지 도와주신 모든 분들께 감사를 드리며, 이 책이 출판될 수 있게 도와준 맘에드림 편집부 여러분 참으로 고맙습니다.

오세준

차례

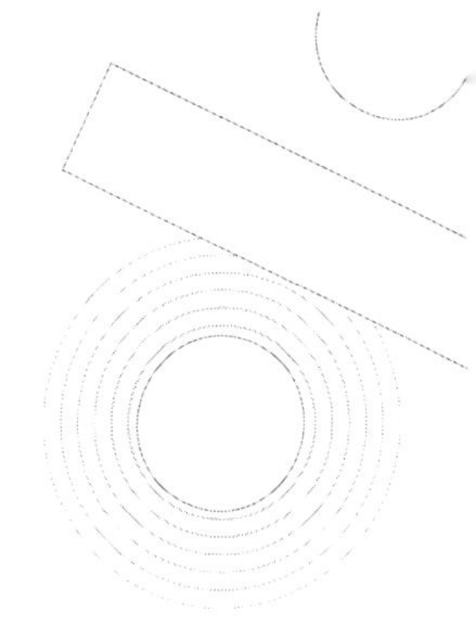

CHAPTER
02

수학은 너에게 하나의 길을 강요하지 않아!

수학의 권유

$S_n = na \ (r=1)$

$S_n = \frac{a(1-r^n)}{1-r}$

$= \frac{a(r^n-1)}{r-1} \ (r \neq 1)$

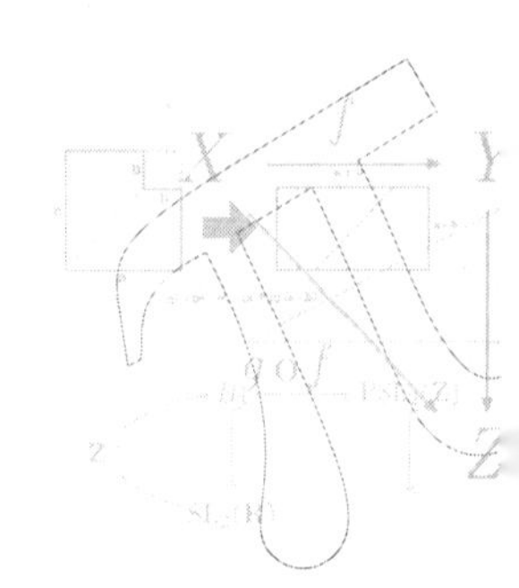

CHAPTER 03

이젠 수학의 매력에 빠질 만도 한데…

수학의 도발

수학의 언어로 만들어가는 흥미진진한 세상!

수학의 쓸모

수학은 복잡한 세상을 이해하는 또 다른 언어야!

세상에는 수학을 싫어하는 것을 넘어 공포의 대상으로 여기는 사람들도 많다. 현재의 우리나라 교육에서 성적 비중이 높은 수학은 꽤 오랜 시간 변별력이라는 명분으로 시험에서 수많은 학생들을 좌절시키는 악역을 담당해온 것이 부인할 수 없는 사실이다. 또한 단지 점수를 높이기 위해 공식에 대한 이해보다는 자주 출제되는 문제 유형의 공식패턴을 암기하는 수준에서 문제풀이를 해온 탓에 조금만 문제가 비틀려도 아예 풀어볼 엄두를 내지 못하는 학생들도 많았다. 그 덕분에 우리는 늘 수학에 대해서는 일정 부분 '까칠한' 인상을 지우기 어렵다. 하지만 입시에서 한 발 떨어져서 수학을 바라보면 생각보다 다양한 수학의 얼굴을 발견할 수 있다. 어쩌면 우리는 너무 오랫동안 수학의 재미있는 얼굴을 미처 발견하지 못한 것인지도 모른다. 아울러 수학은 우리에게 세상과 더 자유롭게 소통할 수 있는 새로운 언어가 되어줄 것이다. 조금 까칠하지만, 쿨하고 매력적인 수학의 색다른 언어로 말이다.

CHAPTER 01

수학의 언어

알레르기

수학 교과서만 펼쳐도 머리가 '지끈지끈' 아파요!

여러분, 수학하면 어떤 이미지가 떠오르나요? 수학을 생각하면 즐겁고 재미있고 행복하고 설레나요? 그게 아니면 혹시 수학의 '수'자만 봐도 벌써 머리가 '지끈지끈' 아픈가요?

꽤 많은 학생들이 수학 알레르기 증상을 호소합니다. 게다가 학년이 올라갈수록 증상은 훨씬 더 심한 편이죠. 그런데 수학을 좋아하건, 싫어하건 나아가 알레르기 유발 골칫덩이라고 생각하건 간에 입시를 치러야 하는 대다수의 대한민국 청소년에게 수학은 결코 무시할 수 없는 존재라는 것이 팩트입니다. 그래서인지 세간에는 수학을 잘하게 도와준다는 온갖 유혹들이 넘쳐납니다. 심지어 몇몇 사교육 업체들은 단박에 점수를 크게 올릴 수 있는 엄청난 노하우라도 알고 있는 것처럼 달콤한 유혹의 손길을 뻗기도 하죠.

어쩌면 몇몇 노하우는 단기간에 점수를 몇 점쯤 올리는 데는 도움을 줄 수 있을지도 모릅니다. 하지만 궁극적으로 수학은 그렇게 얕게 접근하여 본질을 이해할 수 있는 학문이 아닙니다. 특히 수학은 어떤 관점으로 접근하는지에 따라 전혀 다른 얼굴을 드러냅니다. 때론 복잡한 공식을 강요하는 괴팍하고 불친절한 얼굴을 보여주기도 하고, 반대로 새로운 문제해결 방안에 대해 관대하고 융통성 있는 쿨한 얼굴을 보여주기도 합니다.

√ 나는 수학을 어떻게 생각하고 있을까?

수학에 대한 관점은 수학을 공부하는 과정에서도 매우 중요하게 작용합니다. 일단 부정적인 태도를 가진 것만으로도 분명 세상 까칠한 수학의 불친절한 얼굴과 마주하게 될 것입니다. 반대로 만약 수학에 대해서 긍정적인 태도를 보인다면, 장담컨대 최소한 수학을 좀 더 즐겁게 공부할 수 있을 것입니다. 일단 수학 교과서만 펼쳐도 머리가 '지끈지끈' 아프다면, 제대로 집중하기도 어려울 테니까요.

그래서 본격적인 이야기를 시작하기 전에 먼저 여러분이 현재 가지고 있는 수학에 관한 생각을 알아보려고 합니다. 다음의 체크리스트(16쪽 참조)는 한국교육과정평가원에서 매년 실시하는 국가수준 학업성취도 평가에서 학생들의 수학에 대한 자신감, 가치, 흥미, 학습의욕을 파악하기 위해 만든 설문조사 문항입니다. 수학과 본격적으로 친해지기 전에 여러분의 현 상태를 알아보는 차원에서 각

국가수준 학업성취도 평가 학생 설문지			
설문문항	수학	자신감	⓪①②③ 나는 대체로 수학을 잘한다. ⓪①②③ 나는 수학이 내가 잘하는 과목 중 하나라고 생각한다. ⓪①②③ 나는 수학 내용을 빨리 배운다. ⓪①②③ 나는 수학 수업 시간에 어려운 내용도 이해한다. ⓪①②③ 나는 수학에 자신이 있다.
		가치	⓪①②③ 나는 수학이 논리적으로 사고하는 데 도움이 된다고 생각한다. ⓪①②③ 나는 다른 교과를 배우는 데 수학이 도움이 된다고 생각한다. ⓪①②③ 나는 수학이 일상생활을 하는 데 도움이 된다고 생각한다. ⓪①②③ 수학공부는 내가 나중에 하고 싶은 일을 하는 데 도움이 될 것이다. ⓪①②③ 내가 직업을 얻는 데 도움이 되는 것들을 수학에서 배울 수 있다.
		흥미	⓪①②③ 나는 수학을 좋아한다. ⓪①②③ 나는 수학 공부를 하는 것이 즐겁다 ⓪①②③ 나는 수학 공부에 흥미가 있다 ⓪①②③ 나는 수학이 재미있는 과목이라 생각한다
		학습의욕	⓪①②③ 나는 수학 수업 시간에 열심히 수업을 듣는다 ⓪①②③ 나는 수학 공부가 어려워도 포기하지 않는다 ⓪①②③ 나는 수학 문제가 풀릴 때까지 계속해서 시도한다 ⓪①②③ 나는 수학 공부를 할 때에 최선의 노력을 기울인다

응답척도	⓪ 전혀 그렇지 않다 ① 그렇지 않다 ② 그렇다 ③ 매우 그렇다
범주화	하위 영역별 문항점수 평균 1점 미만: 낮음 1점 이상~2점 미만: 보통 2점 이상: 높음

문항에 자기 생각을 솔직하게 표시해볼까요? 이 문항은 여러분의 수학 능력이 아니라 단지 수학에 관해 현재 어떤 생각을 하고 있는지를 점검하기 위한 것이므로 솔직하게 응답해보기 바랍니다.

이 체크리스트[1]에 대해 '그렇다'고 응답할수록 수학에 대한 자신감이 높고, 수학을 높이 평가하며, 수학에 흥미를 가지고 있고, 수학에 대한 학습의욕이 높다고 볼 수 있습니다. 지금 여러분은 수학에 대해서 어떤 태도를 지니고 있나요? 자신감, 가치, 흥미, 학습의욕 모두 높은가요? 아니면 자신감도 낮고, 흥미도 낮은가요? 만약 모든 면에서 낮게 응답했다고 해도 전혀 걱정할 필요는 없습니다. 왜냐하면 여러분만 그런 것은 아니니까요.

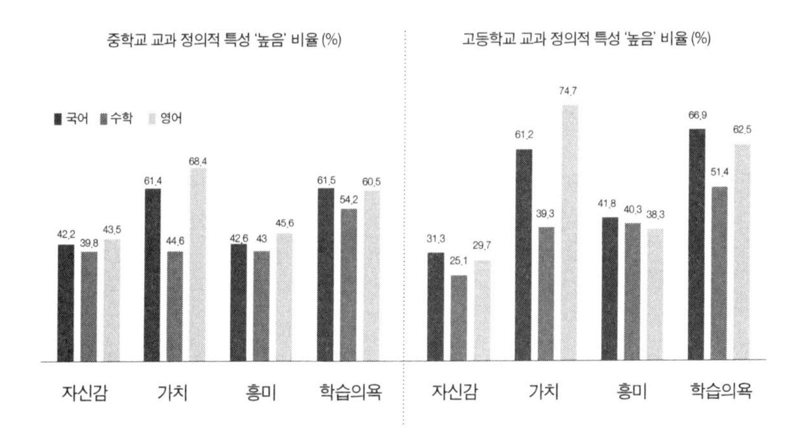

교과 정의적 특성 '높음' 비율

수학 교과의 자신감, 가치, 학습의욕 '높음' 비율이 중·고등학교 모두 국어, 영어에 비해 낮게 나타났다.

1. 교육부 보도자료, 〈2019년 국가수준 학업성취도 평가 결과 발표〉, 2019.11.29

우리나라 학생들을 조사한 결과[2]에 따르면 앞의 그림(17쪽 참조)에서 정리한 바와 같이 수학 교과의 자신감, 가치, 학습의욕 '높음' 비율이 중·고등학교 모두 국어, 영어에 비해 낮게 나타난 것을 알 수 있습니다. 특히 고등학생의 경우 수학 교과에 대한 자신감이 높은 학생은 고작 25% 정도밖에 되지 않죠.

이 조사 결과가 말해주듯이 수학을 어렵게 생각하는 것은 단지 소수 학생의 문제가 아닙니다. 그만큼 많은 학생들이 수학을 어려워한다는 뜻입니다. 저는 수학 교사로서 이렇게 수학을 어려워하고, 어쩐지 수학 앞에서 한없이 작아지고 위축되는 친구들조차도 앞으로는 수학을 좀 더 친근하고 만만하게 대할 수 있는 자신감을 심어주고 싶다는 마음에 책을 집필해본 것입니다. 앞으로 이어지는 이야기들을 읽고 여러분이 수학을 막연하게 두렵고 골치 아픈 대상으로 생각하기보다는 즐겁고, 뭔지 모를 기대감으로 설렐 수 있기를 진심으로 바랍니다.

2. 교육부 보도자료, 〈2019년 국가수준 학업성취도 평가 결과 발표〉, 2019.11.29

페르소나

지루한 문제풀이 속에 감춰진
수학의 진짜 얼굴은?

수학을 싫어하는 것은 비단 소수 학생의 문제가 아닙니다. 앞에서도 이야기했지만, 학생 대다수가 수학을 어렵고 골치 아픈 존재로 생각하는 경향이 있습니다. 그러니 지금 수학이 싫다고 해서 이를 자신만의 문제라고 자책하거나 고민할 필요는 없습니다. 그런데 막연한 골칫덩이가 아니라 '수학' 하면 좀 더 구체적으로 무엇을 떠올리는지 살펴볼까요? 일반적으로 사람들은 수학을 어떻게 생각하고 있는지, 수학에 관한 좀 더 구체적인 생각을 알아보기 위하여 〈NIA 한국 정보화 진흥원 소셜 데이터 분석〉의 워드 클라우드 분석 서비스를 이용하여 2020년 1월 1일부터 ~ 2020년 8월 31일 동안 '수학'이라는 키워드가 들어간 소셜 데이터를 분석했습니다.[3]

3. http://search.kbig.kr/experience/home.do#none

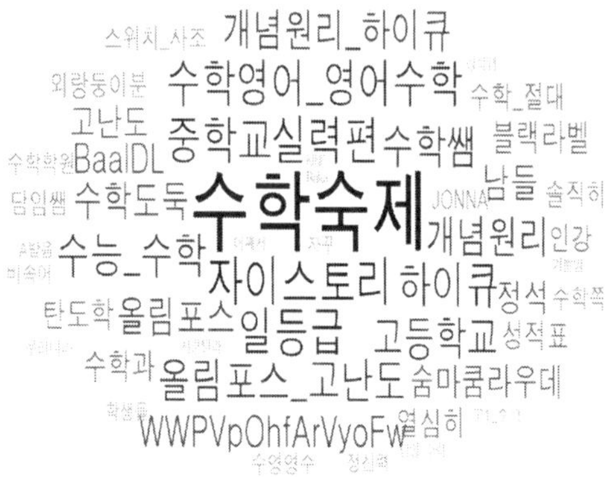

'수학' 연관 키워드들

수학에 관해서 문제풀이와 숙제에 집중된 경향을 보여준다. 또한 안타깝게도 부정적인 감정이 좀 더 많이 연관되어 있음을 알 수 있다.

위의 워드 클라우드를 보니 수학이라는 키워드로 검색되는 가장 연관성 높은 데이터는 '수학숙제'로 나타났습니다. 그리고 '일등급, 자이스토리, 정석, 개념원리, 올림포스, 숨마쿰라우데' 등 수학 문제집 이름이 그 다음으로 연관성이 높게 나타났습니다. 이러한 결과를 통해서 흔히 수학에 관한 SNS 글은 주로 수학 문제풀이, 수학숙제와 관련하여 업로드된다는 것을 알 수 있습니다. 워드 클라우드를 좀 더 자세히 들여다보면 작은 글씨로 비속어, 성적표, 어째서, 자꾸 등의 단어도 함께 보입니다. 말하자면 열심히 노력해도 왜 성적이 그만큼 오르지 않는지에 대한 분노, 풀리지 않는 문제에 대해 욕이 튀어나올 만큼 자꾸만 솟구치는 짜증 등과 같은 부정적 감정이 수학과 연관되어 있음을 추측할 수 있습니다. 워드 클라우드 결

#어째서_ #외울수록_헷갈리는_#수학공식_#풀수록_헷갈리는_#문제풀이_#왜_ #짜증은_나의 몫

과만 봐도 수학에 연관된 부정적인 고정관념은 어려운 '문제풀이'에서 야기되었을 거라고 짐작됩니다. 즉 '수학 = 끝없는 문제풀이'로 인식하는 사람들이 많고, 이로 인해 수학에 대한 부정적 감정 또한 한층 더 높아졌다는 뜻입니다.

실제로 학교에서도 많은 학생들이 문제풀이만 수없이 반복하다가 수학의 매력을 미처 깨닫기 전에 수학에 질려버리곤 합니다. '기-승-전-문제풀이'의 헤어날 수 없는 늪에 빠져버리는 셈이죠. 하지만 입시를 생각하면 문제풀이를 빼고 수학을 논하기 어렵습니다. 무엇보다 문제풀이가 꼭 나쁜 것도 아닙니다. 왜냐하면 문제풀이를 통해 자신이 배운 수학적 개념과 원리를 제대로 소화해냈는지를 확인할 수 있기 때문입니다. 일종의 소화 과정이라고 할 수 있죠. 문제는 우리나라 학생들의 경우 안타깝게도 문제풀이가 개념이나 원리를 자기 것으로 소화시키는 과정이기보다는 다소 기계적으로 이루어지는 경우가 대부분이라는 점입니다. 예컨대 그저 특정 유형의 풀이 과정을 반복하면서 제대로 된 이해 없이 그냥 문제 자체를 외워버리는 경우도 많다는 뜻이죠. 그렇게 수많은 문제풀이만 반복하면서 수학적 개념이나 원리가 충분히 이해되지 않은 상태로 또 다음 단계의 문제풀이로 넘어가곤 합니다. 이렇듯 이전의 학습 내용이 잘 정착되지 못한 채로 다음 단계의 지식을 배우기 때문에 이전 지식과 현재의 지식을 잘 연결시키지 못하고, 날이 갈수록 더 큰 어려움을 겪을 수밖에 없는 것입니다.[4]

학습한 내용을 익히고 자신의 것으로 온전히 소화하기 위하여 문제풀이는 꼭 필요하고 또 중요한 과정입니다. 말하자면 배움에 이르는 데 필요한 하나의 수단인 셈입니다. 하지만 유독 우리나라의 수학교육에서는 문제풀이를 과도하게 강조하는 경향이 있습니다. 때론 '문제풀이를 위한 문제풀이'를 하고 있다는 생각마저 들 때가 있으니까요. 이는 각 학년의 시험, 즉 평가 방법과 입시 위주의 교육시스템과 깊이 연관된 일종의 문화적인 현상으로도 볼 수 있습니다. 이런 문제풀이 중심의 수학교육 문화 때문에 학생들은 더더욱 '수학=끝없는 문제풀이'로만 오해하게 되었죠. 하지만 이것은 절대로 수학의 본 모습이 아닙니다. 입시 중심 교육의 결과로 탄생한 수학의 왜곡된 얼굴에 불과합니다.

이제 우리는 이러한 왜곡된 이미지 너머에 존재하는 수학의 본 모습을 바라볼 수 있어야 합니다. 수학의 모습을 제대로 볼 수 있게 되면 우리는 생각보다 훨씬 더 많은 자유를 누리게 됩니다. 무엇보다 세상에 존재하는 수많은 현상들 그리고 규칙들과 자유롭게 대화를 나누며 이해할 수 있을 것입니다. 왜냐하면 수학은 자연과 대화할 수 있는 중요한 언어이기 때문입니다. 우리는 수학을 통해서 창문 밖에 보이는 여러 자연과 재미있고 다양한 이야기들을 나눌 수 있습니다. 베스트셀러인 《파인만 씨, 농담도 잘하시네》의 저자이자, 미국의 물리학자로 노벨 물리학상을 받은 리처드 파인만(Richard Feynman, 1918~1988)은 이렇게 말했습니다.

4. 김홍겸, 2020, 〈수학학습부진아 지도 방법에 따른 학업성취도 향상에 대한 메타연구〉 《한국수학교육학회지 시리즈A, 수학교육, 제59권, 제1호》, 34쪽 참조

"수학을 알지 못하는 사람은 자연의 깊이 있는 아름다움을 느낄 수 없다."

To those who do not know mathematics it is difficult to get across a real feeling as to the beauty, the deepest beauty, of nature.

이제부터 우리 함께 그동안 미처 발견하지 못했던 수학의 진짜 얼굴을 똑바로 바라보며, 수학이 들려주는 이야기에 귀를 기울여 봅시다. 그리고 자연의 깊이 있는 아름다움도 함께 느껴봅시다!

미션

수학의 언어로 세상을 널리
아름답고 이롭게 하라!

"나는 '수'를 가지고 남자와 여자를 그렸다."

이 말은 독일에 르네상스 미술을 꽃피운 화가 알브레히트 뒤러(Albrecht Durer, 1471~1528)가 〈아담〉과 〈이브〉를 그리고 나서 한 말입니다.[5] 실제로 예술가들은 자신의 작품을 표현할 때 종종 수학의 규칙을 활용합니다. 우리도 일상생활에서 종종 "비율이 좋다."라는 말을 쓰곤 합니다. 특히 얼굴이 작고 팔다리가 긴 연예인들을 보면 비율이 좋다고 하면서 아름답다고 한껏 추켜세우죠. 비율이 아름다움을 인식하는 데 중요한 기준이 되고 있는 것입니다. 오랜 세월 동안 예술가들은 수학적 비율을 적절히 활용해서 자신이 생각

5. 이광연, 《미술관에 간 수학자》, 어바웃어북, 2018. 74쪽 참조

하는 아름다움을 작품 속에 구현하곤 했습니다. 특히 화가들은 아름다운 비율을 이용하여 위대한 예술작품을 탄생시키죠.

√ 모나리자의 얼굴은 정말 황금비일까?

비율 하면 떠오르는 대표적인 예로 **황금비**가 있습니다. 황금비란 사람이 눈으로 보았을 때 아름답다고 느끼게 만드는 대표적인 비율로 1:1.618입니다.

우리에게 너무나도 유명한 레오나르도 다빈치의 〈모나리자〉에서도 사람들은 황금비를 찾아내며 신기해 합니다. 예를 들어 모나리자의 얼굴에서 가로 길이를 1로 두면 세로의 길이는 1.618이라고 합니다. 코의 너비를 1로 두면 코의 길이 역시 1.618이라고 하죠. 그 외에도 모나리자에는 여러 가지 황금비가 숨어 있다고 알려졌습니다.

그런데 여기서 잠깐, 사람들이 말하는 것처럼 모나리자 얼굴은 정말 황금비가 맞을까요? 혹시 황금비가 되는 지점에 선을 먼저 그은 것이 아닐까요? 사실 몇 센티 차이 정도면 얼핏 봐서는 구분하기 어려우니까요. 선을 조금만 위아래로 움직이면 황금비가 아니지 않을까요? 최근에는 이미지를 입력하면 인공지능이 자동적으로 황금비에 관한 정보를 계산하는 서비스[6]가 있습니다. 그래서 여기에 모

6. https://ai.ubd.gg/beauty

레오나르도 다빈치의 〈모나리자〉

모나리자는 황금비를 이야기할 때면 거의 빠지지 않고 등장하는 대표 사례이다. 하지만 인공지능 프로그램에 이미지를 입력한 결과(https://ai.ubd.gg/beauty) 모나리자의 얼굴은 황금비가 아니라는 다소 충격적인(?) 결과가 나왔다.

나리자의 얼굴을 입력하니 놀랍게도 황금비는 아닌 것으로 나타났습니다. 즉 인공지능의 도움을 얻어 수학적 규칙을 엄격하게 적용하자 천하의 모나리자도 완벽한 황금비는 아니었던 거죠. 모나리자가 자신의 얼굴이 황금비라고 주장했다는 얘기는 전혀 들어본 적이 없지만, 어쩐지 지금껏 모나리자에게 속아왔다는 배신감이 자꾸 드는 건 왜일까요? 황금비든 아니든 모나리자는 여전히 아름다운 명작이지만, 황금비라는 환상이 모나리자의 신비한 매력에 더해져 더더욱 대중의 사랑을 받았던 것은 아닐까요? 여러분도 사이트에서 재미삼아 다양한 이미지들의 황금비를 측정해보기를 추천합니다.

√ 세상을 편리하게 하는 수학

세상에는 서로 다른 언어를 사용함으로써 혼란을 초래하는 사례들이 생각보다 많습니다. 사실 수학의 언어로 통일하면 누구나 헷갈리지 않고 사용할 수 있는데 말이죠. 대표적으로 일상생활에서 수학의 언어인 음수(-)를 사용하면 더 편리할 수도 있는데, 이를 다른 방식으로 표기하는 경우가 있습니다. 몇 가지 예를 들어보면 -10도의 기온은 영하 10도로, -200년은 기원전 200년으로, -1층은 지하 1층으로 등으로 표현하죠.

그런데 이렇게 음수를 다른 방식으로 표현하면 불편한 일들이 종종 발생하게 됩니다. 쉬운 예를 들어볼까요? 우리나라에서는 주가 하락은 마이너스(-) 기호 대신에 파란색을 사용해서 표현하죠. 반대로 주가 상승은 플러스(+) 기호 대신에 빨간색을 사용해서 표현합니다. 하지만 이는 우리가 일상에서 흔히 사용하고 있는 용어와 차이가 있어서 혼란을 줄 수 있습니다. 왜냐하면 흔히 긍정적인 결과를 예상하는 신호를 청신호, 부정적인 결과를 예상하는 신호를 적신호라고 하니까요.

그렇다고 세상의 모든 주식시장에서 주가 하락을 항상 파란색으로 표현하는 것은 아닙니다. 미국의 주식시장에서는 주가 하락을 빨간색 기호를 이용해서 표현하니까요. 만약 이러한 사전지식 없이 미국 주식차트를 본다면 얼핏 빨간색 표시만 보고 주가가 올랐다거나, 반대로 파란색 표시들을 보고 주가가 하락했다고 착각할지 모릅니다. 차라리 수학의 언어를 이용해서 음수로 통일해서 표현하면 누구도 헷갈리지 않고 쉽게 이해할 수 있지 않을까요?[7]

우리의 일상생활에서는 지금 이 순간에도 새로운 언어들이 계속 만들어지고 있습니다. 새로운 언어는 익숙해지기 전까지는 사람들에게 적잖은 불편함과 함께 혼란도 야기할 수 있습니다. 말하자면 앞서 예로든 주가 차트처럼 소통 장애를 유발할 수도 있다는 뜻입니다. 만약 우리가 세상을 좀 더 수학적으로 바라볼 수 있다면 이러한 혼란 없이 투명하게 이해할 수 있지 않을까요?

7. 스티븐 스트로가츠, 《X의 즐거움》(이충호 옮김). 웅진씽크빅, 2017. 36쪽 참조

악순환

어려워, 어려우니까 불편해,
불편하니까 어려워…

학생들과 면담을 하면서 알게 된 사실이 있습니다. 그건 생각보다 너무 많은 학생들이 필요 이상으로 과도한 선행학습을 하고 있다는 거죠. 더욱 안타까운 점은 수학을 좀 더 잘하게 될 거라는 기대와 달리 선행학습은 오히려 수학을 불편하게 만드는 일등공신이 되고 있다는 점입니다.

√ 선행학습의 함정에 빠지다

선행학습은 여러분도 잘 알다시피 '미리 공부하는 것'으로 현재 자신의 학년 수준을 넘는 교육과정을 학습하는 것을 말합니다. 선행학습은 학생 혼자 하기도 하지만, 대체로 학원, 개인 과외, 인터넷

강의 등의 도움을 받으며 병행하기도 하죠.

수학의 새로운 개념을 학습할 때를 한번 생각해볼까요? 처음에는 기본 문제집으로 시작하겠죠. 그런데 슬프게도 그 문제집의 내용 전체를 완전히 이해하고 소화하는 것과 상관없이 시간이 지나면 좀 더 어려운 문제들이 들어 있는 새 문제집으로 갈아타며 선행학습을 하게 됩니다. 즉 기본 문제집의 내용을 온전히 파악하지도 못한 채 좀 더 높은 단계의 문제집으로 무심코 넘어가는 거죠.

수학이 어렵다는 오해는 바로 여기서부터 조금씩 싹트기 시작합니다. 현재 자신의 수학 실력에 맞지 않은 어려운 문제집, 심지어 그것보다 더 어려운 문제집을 계속 풀다 보면 누구나 수학을 점점 더 어렵게 느낄 수밖에 없습니다. 지금 여러분의 책꽂이에 자리하고 있는 문제집들을 한번 살펴봅시다. 혹시 한 권의 문제집을 충분히 소화하기도 전에 좀 더 어려운 새로운 문제집으로 넘어가고 있지 않나요? 어쩌면 이런 식으로 새 문제집만 차곡차곡 사서 모았을 수도 있습니다. 그와 함께 수학에 대한 미움도 차곡차곡 쌓였을지도 모르겠군요.

이 기회를 통해 여러분에게 새로 산 어려운 문제집보다는 처음에 공부했던 기본 문제집을 다시 꺼내서 이해하지 못한 부분을 하나하나 들여다보면서 이해하려고 노력할 필요가 있다고 꼭 말해주고 싶습니다. 수학은 이해하지 못한 채 건너뛰기를 하면 할수록 점점 더 이해할 수 없는 복잡한 미궁 속으로 빠져들 뿐입니다. 난도 높은 문제집을 통해 어려운 문제를 몇 개 풀 수 있게 되었다는 건 실은 일종의 속임수 같은 것입니다. 그건 그저 그 문제집에 나온 문제를 풀었다는 것일 뿐, 수학 실력이 향상되었다는 것을 보장해주는 것은 아닙니다. 수학의 언어로 이야기를 할 수 있으려면 아래로부터 차곡차곡 개념에 관한 이해를 쌓아가야 합니다. 우리가 어린 시절부터 귀에 딱지가 앉게 들어온 '기본'을 쌓아야 한다는 말과도 크게 다르지 않죠.

하지만 아이러니하게도 우리나라 학생들이 경험하는 선행학습에는 기본수준을 다시 연습할 기회는 거의 주어지지 않습니다. 기본수준으로 다시 돌아가는 것을 마치 퇴행처럼 받아들이기 때문이죠. 그래서 기본수준을 다시 공부한다는 것은 더더욱 크나큰 용기와 결단이 필요합니다.

√ '고난도' 문제풀이로 넘어갈수록 떨어지는 수학 자신감

선행학습을 할 때, 공부한 것 중 이해하지 못한 것이 있다는 것을 인정하고, '모른다'고 말할 수 있는 용기와 이해가 될 때까지 되돌아가 다시 공부하겠다는 결단이 필요합니다. 하지만 학생 대부분은 시간이 지나면 반드시 더 어려운 문제집으로 빨리 갈아타서 다른 친구들을 앞서야 한다는 마음에 초조해집니다. 그것을 소위 선행학습이라고 착각하는 거죠. 하지만 그런 식의 선행학습이라면 이해되지 못한 개념만 누적되는 결과를 초래합니다. 처음엔 그저 한두 개

이해하지 못하는 수준이었다면, 시간이 지날수록 이해하지 못하는 것이 하나둘씩 증가하고, 어느새 어디서부터 무엇을 이해하지 못해서 이 문제를 풀 수 없는 것인지 더 이상 손으로 꼽을 수조차 없게 되는 거죠. 그러는 동안 수학은 감히 범접할 수조차 없을 만큼 어려운 과목이 되어 있습니다.

그래서 고난도 문제집을 풀면 풀수록 수학이 더 쉽고 재미있어지는 것이 아니라, 점점 더 어렵고 두려워지는 아이러니한 현상이 반복되는 것입니다. 선행학습을 한 많은 학생 중 수학이 어렵다고 생각하는 학생들은 대체로 이러한 잘못된 선행학습의 궤도를 밟아온 경우가 많습니다. 수학 공부를 많이 할수록 수학이 쉽기는커녕 자꾸만 어렵다고 느껴지니, 결국 이렇게 생각할 수밖에 없습니다.

"아, 난 역시 수학에 소질이 없나 봐!"

"나에게는 수학이 너무나 어려워…"

그리고 어느 순간 숫자만 봐도 울렁울렁 불편함을 느끼며, 급기야 수학에 대해서 마음의 문을 굳게 닫아버리고 맙니다. 또 한 사람의 불행한 수포자가 탄생하는 순간입니다. 실제로 수업을 하면서 지켜보면 마음의 벽을 높이 쌓아올린 채 수학 시간에 이루어지는 그 어떤 활동에도 참여하려는 의욕이 '1도' 없어 보이는 학생들이 종종 있습니다. 심지어 그 활동이 이전 학년에서 배운 수학적 지식조차 필요 없는 간단한 활동일지라도 일단 수학 시간에 이루어지는 활동이라는 사실만으로 불편해하는 거죠. 안타까운 마음에 학생에게 다가가서 이유를 물어보면, 자신은 원래 중학교 때부터 수학을 아예 공부하지 않았다고 이야기하며, 고집을 쉽게 꺾지 않으려고 합니다. 한 번 더 다독여 활동에 참여시켜 보려고 이렇게 이야기해 봅니다.

"이 활동은 수학적 내용이 없어. 그냥 글을 읽고 편안하게 네 생각만 정리하면 되는 거야!"

하지만 이미 수학에 대한 마음의 문을 완전히 닫아버린 아이는 이 정도 설득에는 요지부동입니다. 그저 '수학!' 시간에 이루어지는 활동이라는 이유만으로 자신은 절대 해내지 못할 거라고 지레짐작해 버리니까요. 이런 위축된 모습을 볼 때마다 안타깝기 그지없습니다. 무엇보다 안타까운 점은 수학의 참모습을 볼 수 있는 기회를 스스로 저버리는 것이기 때문이죠.

학습된 무기력

난 절대 풀 수 없어요… 아니 풀기 싫어요…

"저는 고등학교 수학 교사입니다."

간혹 학교 밖에서 새롭게 만난 사람에게 저를 소개해야 하는 일이 있습니다. 고등학교 수학 교사로 저를 소개하면 대부분 이렇게 첫 마디가 돌아오곤 합니다.

"아이고, 그 골치 아프고 어려운 수학을 가르치세요? 저는 학교에 다닐 때 수학을 참 싫어했는데…."

실제로 많은 사람들의 학창시절 기억 속에서 수학은 이처럼 어렵고, 골치 아픈 대상으로 남아 있는 편입니다. 아마도 초등학교, 중학교, 고등학교를 거치며 수학 공부를 하면서 차곡차곡 쌓인 이미지 때문이겠죠. 말하자면 마치 외계어처럼 이해하기 힘든 개념이 난무하는 교과서와 참고서, 때론 개념을 이해한 것 같은데도 좀처럼 풀리지 않는 문제, 제 딴에는 열심히 공부했는데 시험만 보면 노력한 시간이 아까울 만큼 성적이 잘 나오지 않은 몹쓸 과목이라는 생각 등등 때문일 것입니다.

√ 학습된 무기력을 극복하라

학교에서 직접 만나는 학생들을 봐도 수학에 대한 부정적인 마음과 두려움을 적잖이 갖고 있거나, 심지어 좌절감에 휩싸여 수학만 생각하면 진저리를 치며 좌절할 만큼 소위 **학습된 무기력**(Learned helplessness)[8]을 안고 살아가는 학생들도 많습니다. 자신의 힘으로는 절대 해결할 수 없는 문제라고 생각하는 거죠. 그런데 수학에 관한 좌절은 그저 수학 시간에만 머무는 것이 아닙니다. 사람이 가진 부정적인 믿음은 물질과 현실에도 반드시 영향을 미치니까요. 이에 관한 재미있는 실험을 하나 소개할까 합니다.

바로 프랑스 의사인 르네 푀크(Rene Peoc'h)의 연구입니다. 이 연구는 마음의 힘, 즉 의지의 힘이 얼마나 막강한지를 잘 보여줍니

8. 뭔가 자신의 힘으로 극복할 수 없는 부정적인 상황에 계속 노출되는 과정에서, 그 어떠한 시도나 노력에도 불구하고 결과를 바꿀 수 없다고 여기고 무기력에 빠지는 현상을 일컫는 심리학 용어이다.

다. 갓 태어난 병아리는 눈앞에서 처음 움직이는 대상을 어미 닭이라고 뇌에 각인시킵니다. 원래 피크가 제작한 로봇은 상자 왼쪽으로 절반, 또 오른쪽으로도 절반씩 무작위로 움직이도록 설계된 것이었습니다. 처음에 이 로봇은 설계된 대로 상자 안을 전체적으로 균등하게 움직였습니다. 이렇게 제작된 로봇을 갓 부화한 병아리들에게 보게 했더니, 예상대로 병아리들은 로봇을 어미로 인지하고 따라다녔죠. 병아리가 로봇을 어미로 인지하자 피크는 로봇과 함께 있는 공간에서 병아리를 꺼내어서 로봇을 볼 순 있지만, 로봇 쪽으로 움직일 순 없는 우리에 가두었습니다. 그랬더니 실로 놀라운 일이 벌

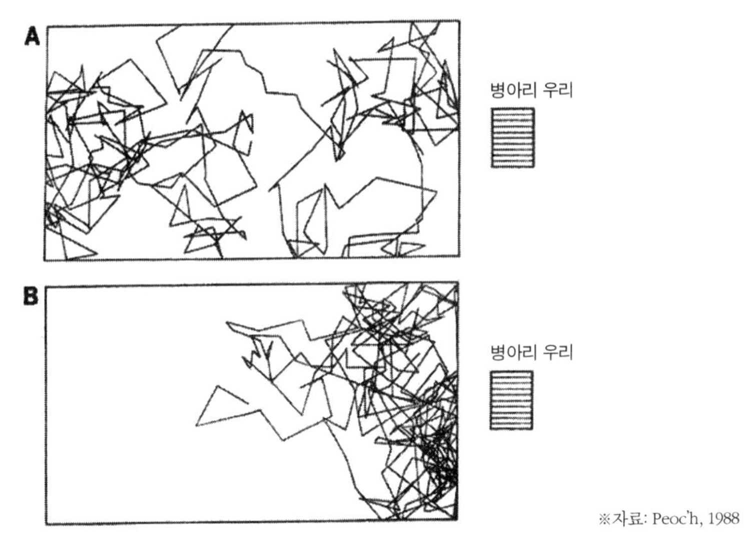

피크의 실험

병아리를 움직일 수 없는 우리에 가두자, 놀랍게도 무작위로 움직이던 로봇(A)이 병아리 우리 쪽으로 가까이 다가와 움직이기 시작했다(B).

#강철심장을_ #바꿔버린_ #간절한마음_ #병아리엄마_ #오늘부터_1일_ #우쭈쭈_ #내_병아리

어집니다. 어미를 따라다녀야 한다는 병아리의 간절한 마음이 무작위로 움직이는 로봇의 움직임에 실제로 영향을 끼친 것입니다. 로봇은 더 이상 상자를 무작위로 골고루 움직이지 않고, 병아리들과 가까운 쪽으로만 움직이게 된 거죠.

참으로 놀랍지 않나요? 엄마와 가까이 있고 싶은 병아리의 마음의 힘이 일정 공간을 무작위로 움직이도록 프로그래밍이 되어 있던 로봇의 움직임까지 변화시킨 것입니다![9]

√ 간절한 마음이 만들어내는 마법

수학에 대한 부정적인 마음도 마찬가지입니다. 어쩌면 수학이 싫고 힘들고 어렵다는 그 마음이 점점 더 수학을 골치가 아픈 대상으로 만들어버릴 수 있습니다. 혹시 수학은 스스로 극복할 수 없는 대상이라며 좌절감에 빠져 있다면 피크의 연구를 떠올리기를 바랍니다. 지금 이 글을 읽는 순간이라도 수학에 대해 조금은 편안하고 좀 더 알고 싶은 마음이 생긴다면 좋겠습니다. 그러한 마음이 마치 마법처럼 수학은 골치 아픈 대상이 아니라 재미있고, 즐겁고, 행복한 대상으로 만들어줄 테니까요. 끝나기 무섭게 다음 이야기

9. 이 연구와 관련된 영상은 https://www.youtube.com/watch?v=YZSsNUT5npo에서 직접 확인할 수 있다.

가 궁금한 흥미진진한 웹툰이나 드라마처럼 계속 들여다보고 싶어질지도 모릅니다.

"난 수학을 좋아한다. 수학을 배우는 것은 즐겁다. 행복하다…"

이 책을 읽으면서 이러한 믿음을 조금이라도 가질 수 있기를 바랍니다. 그래야 누가 억지로 가르쳐주는 것이 아니라, 기꺼이 즐거운 마음으로 수학의 참모습을 스스로 발견할 수 있을 테니까요. 자칫 두려움이나 좌절감에 사로잡혀 수학적 눈으로 세상을 바라볼 기회를 갖지 못한다면 너무 안타까운 일입니다. 세상을 전혀 새로운 시각으로 바라볼 수 있는 기회를 놓치는 셈이니까요. 다른 관점으로 세상을 바라볼 수 있는 창의적 인재를 요구하는 미래사회를 살아갈 여러분에게는 더더욱 뼈아픈 일입니다. 두려움을 떨쳐버리고 용기를 낸다면 수학은 분명 여러분에게 더 재미있게 세상을 탐색할 수 있는 새로운 길을 안내해줄 것입니다.

가치

빅데이터 세상에서 **더 높이 날아오르는 수학**

이제는 4차산업혁명이나 인공지능이라는 말이 별로 새롭게 느껴지지 않을 만큼 벌써 우리 생활에 깊숙이 스며들었습니다. 특히나 4차산업혁명 시대에서 '빅데이터'는 기업의 흥망성쇠를 좌우할 만큼 중요한 키워드로 꼽히고 있죠. 빅데이터란 말 그대로 큰(big) 데이터(data), 즉 엄청난 양의 데이터를 의미합니다. 아마 이런저런 매체를 통해 여러분도 자주 접해본 단어일 것입니다.

√ 빅데이터가 지배하는 현대사회

빅데이터라는 말은 언제부터 이렇게 자주 사용된 걸까요? 구글 엔그램 뷰어를 통해서 확인해 봅시다. 엔그램 뷰어는 500만 권의 책에서 8천억 개의 단어를 대상으로 각 단어가 나온 횟수를 계산합니다.[10] 예를 들어 math, big data를 검색어로 입력하면 500만 권의 책에서 이 단어가 사용되는 빈도를 아래와 같은 그래프로 확인할 수 있습니다. 그래프를 보면 알 수 있지만, 'Big data'라는 단어는 2000년 이후로 급격하게 사용 빈도가 늘어났습니다.[11] 이를 통해 빅데이터는 비교적 최근에 등장한 용어임을 알 수 있죠.

빅데이터는 이름에 걸맞게 데이터의 양이 가히 폭발적입니다. 예를 들면 인공지능은 지구의 바람, 온도, 화학물질, 미세먼지, 오로

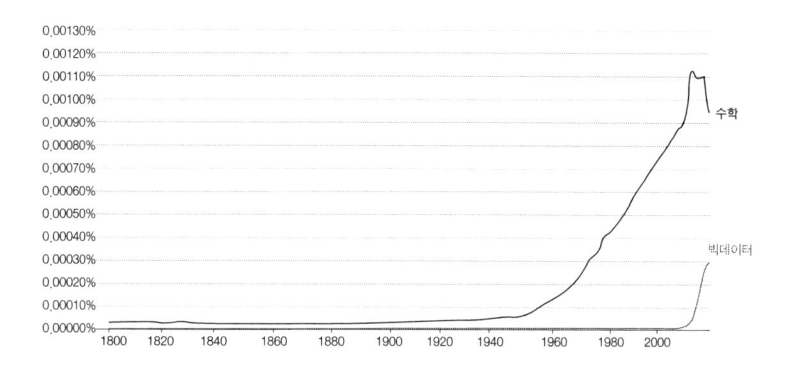

수학, 빅데이터 검색 결과

2000년대 이후 수학, 빅데이터 단어가 책에 나온 빈도가 급격하게 늘어났다는 것을 보여준다.

10. 임완철, 《읽는다는 것의 미래》, 지식노마드, 2019. 165~166쪽 참조
11. 아래 사이트에서 MATH와 BIGDATA로 검색한 결과임
https://books.google.com/ngrams/graph?content=math%2C+big+data&year_start=1800&year_end=2019&corpus=26&smoothing=3&direct_url=t1%3B%2Cmath%3B%2Cc0%3B.t1%3B%2Cbig%20data%3B%2Cc0

라 등의 수많은 기상 데이터를 시간에 따라 수집하고 있죠. 각 요소들에 대해 지구의 모든 지역에서 매초 수집되는 데이터 분량은 상상을 초월하는 수준입니다. 아래의 사진은 현재 우리나라 주변의 바람과 관련된 자료를 수집하여 우리가 볼 수 있도록 시각화한 것입니다. 바람이 어디서 불어와서 어디로 가는지를 지상에서는 확인할 수 없지만, 이 자료를 보니 우리나라 주변 어디에 강한 바람이 형성되어 있고, 또 어떤 방향으로 어떻게 흘러가고 있는지 한눈에 파악할 수 있군요.

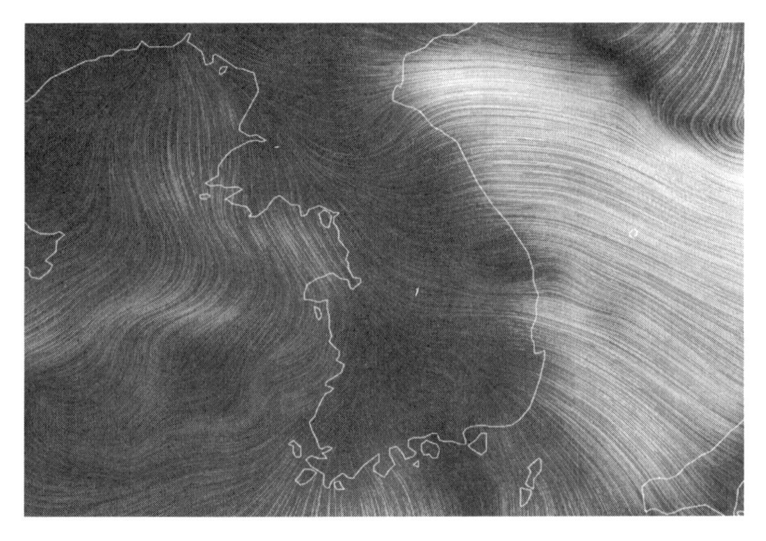

빅데이터로 분석한 바람의 방향[12]

바람이 어디서 형성되고 또 어떤 방향으로 흘러가고 있는지 빅데이터 분석을 통해 한눈에 파악할 수 있다.

12. https://earth.nullschool.net/about.html

이런 빅데이터는 워낙 데이터의 양이 방대하다 보니 인간의 능력으로는 분석할 수 없게 되었습니다. 그래서 빅데이터와 인공지능의 발전은 함께 이루어지고 있죠. 즉 인공지능 기술이 발전할수록 빅데이터 또한 더욱 정확하고 정밀하게 분석할 수 있습니다.

√ 수학, 다양한 빅데이터를 분석하다

기상 관련 데이터의 축적과 이를 분석하고 활용하는 인공지능 기술의 발전으로 인해 우리 생활의 많은 제품과 서비스들이 변화하고 있습니다. 인공지능 기술이 내장된 에어컨, 공기청정기, 가습기 등은 실내외 온도, 습도, 미세먼지 농도 등을 하루, 일주일, 한 달, 일년 단위로 측정하고 그 데이터를 분석하고 예측하여 필요한 기능을 수행하죠. 기온 데이터를 예로 들면 1초 단위로 기온 정보가 수집되기에 수집된 데이터의 양은 실로 엄청납니다.

그뿐만이 아닙니다. 인터넷 검색이나 쇼핑 등을 통해 수집된 정보들을 바탕으로 사용자의 정치적 성향 및 각종 취향, 건강상태, 나아가 꼭 필요한 게 무엇인지 등을 광범위하게 분석할 수 있죠. 현재의 포털에서도 이렇게 수집한 데이터 분석을 바탕으로 맞춤형 쇼핑 추천을 한다거나 관심을 가질 만한 뉴스나 동영상 등을 추천하는 기능이 있습니다. 이 모든 것이 빅데이터를 분석한 결과입니다.

이러한 다양한 빅데이터를 다루는 것도 수학의 영역입니다. '기온'의 예를 들어볼까요? 수집된 기온 빅데이터를 컴퓨터와 인공지능이 이해할 수 있는 데이터로 변환할 때 행렬(matrix)을 사용합니다. 쉽게 말해 '수'나 '식'을 직사각형 모양으로 배열한 것이 행렬인데, 이는 인공지능 시대에 꼭 필요한 수학으로 꼽히고 있죠. 그리고 컴퓨터에 입력된 빅데이터의 평균과 표준편차를 구할 때는 확률과 통계가 사용됩니다. 기업에서는 이러한 데이터들을 필요에 맞게 분석하여 다양한 작업을 수행합니다. 예컨대 현재의 기온과 하루평균 기온의 차이를 계산하여 기업에서 생산하는 에어컨, 히터 등의 기온 관련 제품이 언제 어디에 있는 누구에게 필요한지 맞춤형 정보를 제공할 수 있는 기능을 수행하도록 프로그래밍할 수도 있죠.

앞서도 언급한 바와 같이 인공지능의 발달에 따라 빅데이터의 활용 범위는 지금과 비교할 수 없을 만큼 미래사회에 점점 더 확장될 것입니다. 아울러 빅데이터를 해석하는 능력이 미래사회에서 중요한 역량으로 떠오르고 있죠. 4차 산업혁명시대의 미래 유망직업으로 빅데이터 전문가가 꼽히는 이유입니다. 이와 함께 수학은 미래사회에도 계속해서 막강한 영향력을 발휘할 것입니다.

재정의

수학이란 **무엇인가?**

앞에서 우리는 어른이든 청소년이든 할 것 없이, 많은 사람들이 수학을 두렵고 골치 아픈 대상으로 여긴다는 점, 심지어 절대 극복할 수 없다는 무기력마저 일으키는 좌절의 대상으로까지 여기는 이유에 관해 이야기했죠. 하지만 이러한 좌절감 때문에 수학으로 세상을 다양하게 바라볼 기회까지 차단될 수 있다는 점은 참으로 안타까운 일이 아닐 수 없습니다. 그래서 본격적으로 이야기를 이어가기 전에 여러분에게 질문을 하나 하고 싶군요.

"수학이란 무엇일까요?"

아마도 이러한 질문에 대해 현재 자신의 관심 분야에 따라 "수학은 ○○다"라고 각자 다르게 답할 수 있을 것입니다. 예컨대 일반적인 사람들에게 수학은 계산이라고 생각할 수 있죠. 고대 사회에서는 오늘날의 기초산수인 덧셈, 뺄셈, 곱셈, 나눗셈도 전문가 영역이었습니다.[13] 좀 더 수학에 관심이 많고, 역사와 문학에 관심이 많은 사람에게는 인간과 자연의 지성적 대화라고 답할 것입니다. 더 나아가 수학에 아주 관심이 아주 많고, 미래에 과학자를 꿈꾸는 사람에게는 양자역학계, 지구역학계, 우주 역학계에서 일어나는 현상을 추적하는 데 꼭 필요한 필수학문일 것입니다. 이처럼 수학은 각자의 관심사나 쓸모에 따라 서로 다른 의미를 가질 수 있습니다.

√ 입시 말고 수학을 배워야 할 이유

여러분에게 수학의 여러 가지 쓸모 가운데 중요한 것 하나를 꼭 이야기하고 싶습니다. 그건 바로 수학은 관찰된 사실로부터 결론을 도출하고 그 결론을 검증하는 데 매우 유용한 학문이라는 점입니다. 여러분도 아마 천재 수학자 가우스(Carl Friedrich Gauss)라는 이름을 들어보았을 것입니다. 세상의 수많은 천문학자들은 우연히 새로운 행성을 발견했지만, 정작 이를 분석하기 위한 도구를 개발한 사람은 다름 아닌 수학자 가우스입니다.

가우스는 다른 사람들의 눈에는 우연이나 혼돈으로만 보이는 곳

13. 김민형, 《수학이 필요한 순간》, 인플루엔셜, 2018, 14쪽

에서 질서와 구조를 발견하고자 했죠. 질서와 구조를 발견하고, 이를 설명할 가설을 세울 수 있고, 그에 따른 예측이 가능해집니다. 가우스뿐만 아니라 수학자들은 무작위로 보이는 자연의 배경에 자리 잡은 특정 패턴을 발견하고, 그에 관한 규칙을 설명함으로써 앞으로 어떤 일이 일어날지를 예측합니다. 또한 수학자는 수학적 세계의 패턴과 구조를 찾기도 하지만, 다른 한편으로 그 사실을 증명하기도 하죠. 증명을 통해 패턴과 구조는 단순한 우연이 아닌 필연적인 규칙으로 거듭나게 됩니다. 따라서 증명은 수학이란 학문의 진정한 출발점이라고 할 수 있습니다.

√ 수학은 자연을 이해하는 언어

여러분에게 수학은 무엇일까요? 아마도 청소년 대다수가 입시에서 자유롭지 못한 만큼 무한 반복되는 지겨운 문제풀이라고 생각할 수 있겠군요. 하지만 수학에서 문제풀이는 지극히 일부에 불과합니다. 실은 그마저도 개념이나 원리 이해를 확인하기 위한 수단 중 하나에 불과합니다.

이 책에서는 수학이 자연을 이해하는 중요한 언어라는 점을 강조하고 싶습니다. 누군가와 소통하기 위하여 언어가 필요한 것처럼 자연을 이해하려면 수학은 꼭 필요합니다. 외국인과 소통하려면 그 나라 언어를 배우고 이해하려고 노력하죠. 이와 마찬가지로 우리가 자연과 소통하고 자연을 이해하려면 언어를 알아야 합니다. 그런데 현재로서 자연을 이해하는 가장 명확한 언어는 바로 수학입니다. 인공지능, 빅데이터를 통해 수집된 자연의 수많은 현상들은 수학적 분석을 거치면서 우연이나 모호한 정체불명의 덩어리가 아니라 뭔가 독특한 규칙을 드러냅니다. 이렇게 드러난 규칙들을 통해 우리는 자연의 섭리를 아주 조금이나마 이해할 수 있는 거죠. 비단 자연뿐만이 아닙니다. 사람, 공동체의 다양한 삶의 모습들을 분석하고 새로운 시각으로 바라볼 때도 수학은 엄청난 쓸모를 발휘합니다. 여러분들도 이번 기회에 '수학이란 무엇인지'를 다시 정의해보면 어떨까요? 다 풀고 나서도 헷갈리기 일쑤인 지긋지긋한 '문제풀이'는 잠시 잊어버리고 말이죠.

"창조적 원리는 수학 속에 존재한다!"

The creative principle [of science] resides in mathematics.

–알베르트 아인슈타인(Albert Einstein, 1879~1955)

수학은 너에게 하나의 길을 강요하지 않아!

우리 사회는 유독 다양성을 경계하는 편이었습니다. 심지어 '성공'이라는 것조차 뭔가 획일화된 공식을 모두에게 강요하는 경향이 강했죠. 예컨대 초·중·고등학교에 다닐 때 공부를 열심히 해야 남들이 알아주는 소위 명문대에 진학할 수 있고, 명문대에 진학해야 번듯한 직장이나 그럴듯한 직업을 가질 수 있으며, 취업해서는 또 다른 경쟁에서 살아남아 더 높은 자리로 올라가 남들보다 더 높은 연봉을 받는 것을 성공으로 인정하는 식이죠. 하지만 수많은 사람들이 똑같은 하나의 좁은 통로로만 몰려들면 결국 통로를 통과하지 못하는 수많은 낙오자들이 생겨날 수밖에 없습니다. 그리고 이것은 사회 전반에 좌절감과 불공정을 싹틔우는 씨앗이 되기도 하죠. 어쩌면 수학 시간에 우리가 접해온 수학의 얼굴도 오직 1개의 정답만이 존재하는 꽉 막히고 답답하기 그지없는 융통성 없는 모습일지도 모르겠습니다. 하지만 이것은 수학의 일면만을 바라본 데서 생겨난 오해라고 할 수 있습니다. 실제로 수학은 결코 하나의 길을 강요하지 않습니다. 실제로 수학을 알면 알수록 실로 다양한 길을 열어놓고 있다는 것을 알 수 있죠. 다만 대다수가 그 다양한 길을 외면한 채 하나의 길만을 지루하게 파고 있을 뿐입니다. 그래서 이 장에서는 수학이라는 눈으로 볼 수 있는 다양한 시각에 관해 이야기해보려고 합니다.

CHAPTER
02
수학의
권유

본능

우리는 누구나 **본능적으로 수학을 한다!**

앞선 이야기를 통해서도 여전히 속으로 이렇게 생각하는 사람이 있을지 모르겠습니다.

> "무슨 감언이설로 꼬셔도 소용없어!
> 난 정말 수학은 질색이야!"

√ 순간순간 수학적으로 생각하고 판단하는 우리의 일상

네, 그렇군요. 하지만 우리는 본능적으로 생활 속에서 자신도 모르게 수학을 하고 있습니다. 그것도 꽤 빈번하게 하고 있죠. 심지어 책장을 넘기는 이 순간에도 여러분은 수학을 하고 있습니다. 아니라고요? 실제로 여러분은 오늘 아침 눈을 뜬 순간부터 무심코 수학을 했을 것입니다.

아침에 눈을 떠 시간을 확인하고 잠을 더 자야 할지, 당장 이불을 박차고 나와야 할지를 결정할 때부터 수학이 빠질 수 없으니까요. 무슨 말이냐고요? 학교에 몇 시까지 가야 하고, 아침에 등교하기 위해서 준비하는 시간을 계산하고 학교로 이동하는 시간을 예측하여 '음, 몇 분 더 자도 될 것 같아…그냥 조금 더 침대에 누워 있자…' 또는 '아이고, 당장 일어나지 않으면 지각이야!'라는 결정을 내릴 때, 또 아침밥을 먹으면 지각하겠으니 아침밥을 거르고 부랴부랴 뛰쳐나가는 결정 또한 엄밀히 말하면 수학적 판단에 따른 것이니까요.

대중교통을 이용해서 학교로 갈 때도 마찬가지입니다. 정류장에서 조금 떨어진 곳에서 학교로 가는 버스가 오는 것을 보고 달리기 시작했다면 그 역시 수학을 하고 있는 것이니까요.

> "지금 오는 버스를 놓치면 다음 버스는 몇 분 뒤에나 올 것이고, 다음 버스를 타면 아슬아슬한데? 놓치면 큰일이야! 빨리 뛰자!"

이런 판단은 자신도 모르게 거의 눈 깜짝할 사이에 이루어집니다. 이처럼 순식간에 생각하고 판단을 내릴 수 있는 것은 오랜 시간 습관처럼 단련되면서 자신도 모르게 본능적으로 수학을 하게 되었기 때문입니다.

√ 수학은 우주, 나아가 세상 거의 모든 규칙에 관한 학문

노벨 물리학상을 받은 세계적인 물리학자 유진 위그너(Eugene Wigner, 1902~1995)는 〈자연과학에서 수학의 이해할 수 없는 효과〉라는 에세이에서 수학의 연구 결과물은 전혀 생각지도 못한 방법으로 자연과학과 연관성을 보이며, 수학은 새로운 과학이론의 기초가 된다는 사실에 주목했습니다. 일반인들이 생각하기에는 수학은 그저 숫자와 복잡한 공식으로 이루어진 학문, 끝없는 문제풀이라고 생각할지 모르지만, 과학자들에게 수학 문제풀이는 지극히 작은 부분에 지나지 않습니다. 그들에게 수학은 우주, 나아가 세상의 규칙에 관한 학문을 뜻하는 매우 방대한 의미를 내포하니까요.[1]

이론 물리학자 프리먼 다이슨(Freeman Dyson, 1923~)은 무거운 원자핵 에너지를 나타내는 공식과 제타 함수가 연결된다는 사실을 최초로 알아차렸죠. 다이슨이 이를 발견한 계기는 휴 몽고메리(Hugh Montgomery)라는 수학자와의 만남 덕분이었다고 합니다. 프린스턴고등연구소에서는 '티타임'이 있었는데, 그 티타임에 물리학자인 다이슨과 수학자인 몽고메리가 담소를 나눌 기회가 있었죠. 이때 몽고메리가 냅킨에 리만 제타함수 영점분포와 관련된 식[2]을 써 내려갔는데, 이를 지켜본 다이슨이 무거운 원자핵의 에너지 단위와

1. Wigner, E. P. (1960). "The unreasonable effectiveness of mathematics in the natural sciences". Richard Courant lecture in mathematical sciences delivered at New York University, May 11, 1959. Communications on Pure and Applied Mathematics. 13: 1-14.

#매듭이론_ #생명연구_ #우주연구_ #알면_알수록_ #놀라운_ #수학의_힘

똑같음을 깨닫고 무거운 원자핵 에너지를 나타내는 공식과 제타함수를 연결하게 된 것입니다.[3]

한편 생명을 연구할 때도 수학이 널리 활용되고 있습니다. 대표적으로 DNA 연구를 들 수 있습니다. 얇고 긴 실처럼 생긴 DNA 분자는 세포 내부에 딱 맞도록 감겨 있습니다. 전 세계를 발칵 뒤집어놓은 코로나19를 포함하여 대부분의 바이러스들은 세포에 침투하여 DNA 분자들을 매듭짓고 DNA의 특정 부분을 가까이 모이게 한 다음에 그 부분을 바꿔치기합니다. 그렇기 때문에 이 과정에서 DNA 매듭을 관찰함으로써 바이러스의 정체를 파악할 수 있는 것입니다. 이처럼 DNA 분자를 매듭짓는 형태를 파악하는 데도 수학의 매듭이론[4]이 힘을 발휘합니다. 그래서 바이러스를 연구하는 생명학자 실비아 슈펭글러(Sylvia Spengler)와 매듭이론을 연구하는 수학자 드 위트 섬너스(De Witt Sumners)는 공동작업을 통해 DNA 분자의 매듭을 파악하는 연구를 수행하고 있습니다.[5]

2. 여기서 함수의 영점은 모두 일직선상에 있다는 리만 가설은 "소수의 배열에 의미가 있는가?"라는 대단히 질문을 "모든 영점은 일직선상에 있는가?"라는 수학의 문제로 바꿨다는 점에서 중대한 의미가 있다. 이후 소수를 연구하는 수학자들은 리만 가설의 입증에 집중한다.
3. 다케우치 가오루, 《소수는 어떻게 사람을 매혹하는가?》(서수지 옮김), 사람과나무사이, 2018, 51쪽 참조
4. 매듭이론을 수학적으로 간단히 설명하면 매듭의 교차점 수에 따라 매듭을 분류하는 것이다. 따라서 매듭이론의 한 중요한 과제는 각각의 매듭을 분류하는 일이 된다. 존스(Vaughan Frederick Randal Jones)라는 수학자가 각각의 매듭이 어떻게 다른지를 보여주는 소위 각 매듭의 다항식을 발견하여 이를 존스 다항식이라고 부른다. 이 이론은 분자생물학(DNA의 구조)과 물리학(통계역학)에 널리 응용되었다.
5. 키스 데블린, 《수학으로 이루어진 세상》(석기용 옮김), 에코리브르, 2003, 21-23쪽 참조

이처럼 수학은 우주, 바이러스, 물리학 등등의 학문적 기초가 될 뿐만 아니라, 그 외 다양한 과학 분야에서 결정적인 역할을 수행하고 있습니다. 꼭 이렇게 거창한 역할뿐만 아니라 우리 삶 곳곳에서 우리의 수많은 의사결정과 판단에 영향을 미칩니다. 아침에 눈을 떠서 잠자리에 들 때까지 우리는 모두 생활 속에서 매 순간 습관처럼 본능적으로 수학을 하고 있는 셈입니다. 다만 너무 익숙한 나머지 미처 그것을 알아차리지 못할 뿐이죠.

해독

이것은 암호인가 외계어인가!?

수학 수업시간에 학생들과 수업을 하다 보면 이런저런 볼멘소리들이 들려오곤 합니다. 특히 자주 듣게 되는 푸념이 있는데 그건 바로 수학 시간에는 도통 한글을 찾아볼 수 없다는 불만인 거죠.

√ 누군가를 이해하고 싶다면 그의 말을 이해하라

오른쪽 그림(59쪽)에서와 같이 문제풀이 과정에서 자주 등장하는 A, B, C, 그리스어 알파, 베타, 그리고 온갖 기호들 때문에 수학 시간에 칠판은 늘 암호 같은 숫자와 기호들로 가득 차게 됩니다. 이런 숫자와 기호들이 외계어 같다며 수학을 더더욱 어려운 과목으로 인식하는 거겠죠.

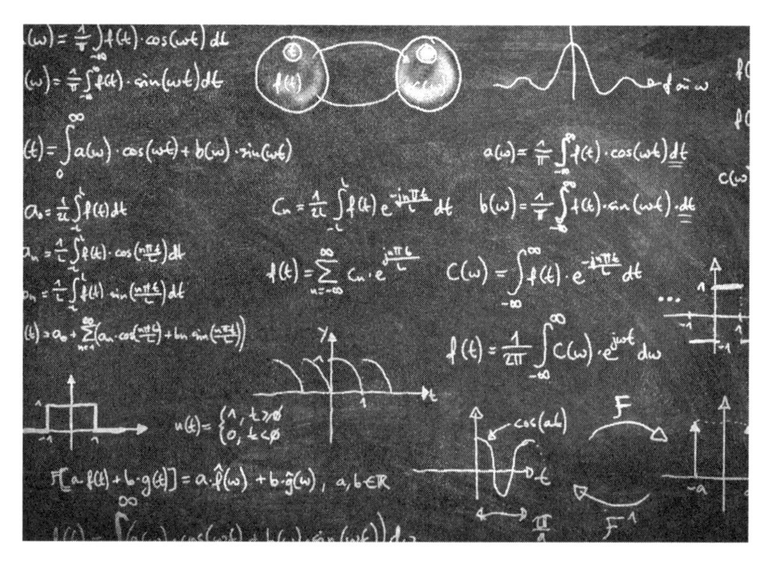

수학의 언어들

수학은 누군가에게는 보기만 해도 신물이 올라올 만큼 두려운 언어이자, 누군가에게는 아예 해독을 포기하고 싶을 만큼 난해한 언어로 인식되는 경우가 많다.

우리에게는 지동설로 잘 알려진 갈릴레오 갈릴레이는 이렇게 말했습니다.

> "자연의 언어를 아는 사람만이 자연을 이해한다. 그 언어는 수학이다."[6]

누군가를 이해하고 싶다면 어떻게 해야 할까요? 여러 가지 방법이 있겠지만, 먼저 그 사람이 하는 말을 이해하는 것이 중요합니다. 마

6. 김민형, 《수학이 필요한 순간》, 인플루엔셜, 2018. 34-35쪽.

찬가지로 우주를 이해하고 싶다면 먼저 우주의 언어를 배우고 친숙해질 필요가 있습니다. 그런데 하필 그 언어가 수학의 삼각형, 원 등 기하학적인 도형일 수 있습니다.[7] 그러니 우주를 이해하고 싶다면 최소한 이런 언어를 알고 있어야 한다는 뜻이죠.

그렇기 때문에 수학은 일종의 언어라는 관점으로 접근하는 것이 합리적이라고 생각합니다. 만약 수학의 언어를 학습하지 않은 상태라면 수학책은 단지 외계어로 가득한 이해 불가한 책에 불과할 것입니다. 지금 여러분은 자유롭게 한글을 이해하고 말할 수 있습니다. 하지만 태어날 때부터 그런 건 아니죠. 우리가 한국어를 자유롭게 읽고, 쓰고, 말하고, 들을 수 있는 것은 생활하면서 오랜 시간 알게 모르게 이루어진 꾸준한 노력의 결과물입니다. 예컨대 우리가 갓난아기 때 부모님은 아직 말문이 열리기 전인 우리를 보고 끊임없이 이렇게 말했을 것입니다.

"엄마~ 엄마라고 해봐!"

"아빠야, 아빠, 아! 빠!"

거기에 우리가 반응하여 서툴게라도 비슷한 소리를 내뱉으면 부모님은 폭풍 칭찬을 쏟아내며 너무나 좋아하셨을 것입니다. 그럼 이러한 열렬한 반응에 강화를 받아 더 열심히 뭔가 말하려고 했을 것

7. 김민형, 《수학이 필요한 순간》, 인플루엔셜, 2018. 34-35쪽

이고요. 즉 우리 스스로 생활 속에서 그러한 과정을 무한 반복하면서 한국어를 계속 듣고 말하며 학습한 셈입니다. 그렇게 옹알이 시기를 지나고 나서 말을 하게 되면 우리는 모르는 것이 있을 때마다 스스럼없이 질문하기 시작합니다.

"엄마, 이건 뭐예요?"

"아빠, 저건 뭐예요?"

"이건 왜 그래요?"

"저건 또 왜 그래요?"

이렇게 궁금한 점이 있을 때마다 부모님께 계속 질문을 하면서 언어의 의미를 한층 깊이 학습해나갔죠. 전혀 기억이 나지 않는다고요? 그럼 혹시 주변에 어린 친척이나 이웃 아이들이 있다면 한번 살펴보세요. 분명 궁금한 것을 참지 못하고 끊임없이 물어보는 모습을 어렵지 않게 발견할 것입니다. 바로 그 모습이 여러분의 어릴 적 모습이었습니다.

자라면서 점점 질문하기보다 침묵하는 편이 속 편하다고 생각해서 질문과 조금씩 멀어지게 되었을지 몰라도, 어린 시절 대부분의 아이들은 궁금한 점이 있으면 상대가 귀찮아하건 말건 상관하지 않고 스스럼없이 질문을 던집니다. 그렇게 끊임없이 질문하는 과정에서 한글을 익히고, 단어를 익히고, 문장의 뜻을 이해하고 문단을 읽으며, 나아가 복잡한 글의 주제까지 파악할 수 있게 되는 거죠.

√ 수학의 언어를 이해하느냐, 저세상 외계어로 남겨두느냐

영어 공부도 마찬가지였을 것입니다. 먼저 영어의 스펠링인 A,B,C를 알고, 스펠링으로 조합된 단어들의 뜻을 알고 말할 수 있고, 문장을 읽고, 쓰고, 말하고, 들을 수 있게 됩니다. 하지만 이런 과정을 거치지 않은 채 새로운 언어들을 맞닥뜨리면 어떨까요?

مرحبا سعدت بلقائك.

혹시 이 문장 읽을 수 있나요? 암호 같기도 하고, 세상 복잡해 보이는 이 문장은 아랍어로 "안녕하세요. 반갑습니다."라는 간단한 인사 표현입니다. 하지만 아랍어를 모른다면 무의미한 낙서나 그림처럼 보일 뿐이죠. 또 누군가 여러분에게 아랍어로 말을 하면 제대로 이해할 수 있을까요? 거의 불가능하겠죠. 기껏해야 표정과 제스처로 눈치껏 이해하는 수준일 것이고, 이마저도 간단하지는 않을 것입니다. 아랍어를 읽고, 쓰고, 말하고, 듣기 위해서는 어떻게 해야 할까요? 당연히 먼저 아랍어를 쓰는 규칙을 알고, 발음하는 방법을 차근차근 배워야 합니다.

수학도 마찬가지입니다. 수학도 언어이기에 수학적 기호의 쓰는 방법, 의미, 읽는 방법을 배우는 것이 필요합니다. 그래야 그 기호들이 모인 수학적 문장에 담긴 의미를 비로소 이해할 수 있죠. 다른 언어와 마찬가지로 수학의 언어를 배우려면 일정 부분 노력이 필요합니다. 그러한 과정을 시간이 오래 걸리고 귀찮다는 이유로 모두 생략해버린다면 여러분에게 수학은 영영 저세상 외계어로 남을 수밖에 없습니다. 수학책 또한 외계어로 가득한 도무지 이해할 수 없는 어렵고 까칠한 책이 되겠죠. 수학이 외계어로 남게 되면 수학이 들려주는 재미있는 이야기도 전혀 이해할 수 없습니다. 그러니 수학이 대체 무슨 이야기를 하고 있는지 궁금하다면, 우리도 최소한 수학의 언어를 배우기 위한 노력은 해야 하지 않을까요?

절규

공부해봤자 자꾸 까먹는 걸 어쩌라고!

'수포자'. 수학을 포기한 학생이라는 의미입니다. 그런데 우리나라에서 '수포자' 수가 해마다 꾸준히 증가하고 있다고 합니다.

√ 학년이 올라갈수록 늘어가는 수포자들

특히 상위 학년으로 올라갈수록 수포자의 비율은 더더욱 높아진다고 하죠. 앞에서도 이야기했지만, 수학의 경우 기초가 부족할수록, 모르는 것을 지나치고 넘어갈수록, 또 시간이 가면 갈수록 학습 격차가 크게 벌어지기 쉽습니다. 게다가 벌어진 격차를 쉽사리 메우기도 어려운 탓에 도전해보기도 전에 그냥 포기해버리는 학생이 많은 것입니다. 몇 년 전 자료이기는 하지만 '사교육걱정없는세상'에서

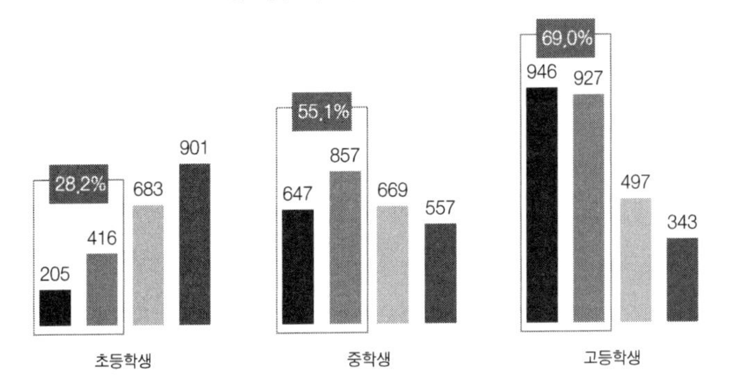

※자료: 사교육걱정없는 세상, 2015 참조

초·중·고등학교에서 수학을 포기하고 싶을 때가 있다고 느끼는 학생들의 비율
그래프에서 볼 수 있듯이, 학교급이 올라갈수록 수학을 포기하고 싶을 때가 있다고 느끼는 학생의 비율도 크게 높아진다. 중학교에만 이르러도 절반이 넘고, 고등학교에 이르러서는 거의 70%에 가까운 학생들이 수학을 포기했다고 느낀다.

수학을 포기하고 싶을 때가 있는 우리나라 학생의 비율을 조사한 결과는 위 그림과 같습니다.[8] 앞서도 이야기했지만, 모르고 지나간 의문점 한두 개가 계속 쌓이고 쌓이다 보면 나중에는 어디서부터 무엇을 이해해야 하는지조차 모를 만큼 걷잡을 수 없는 상태가 되고 맙니다. 하지만 수학 교사의 입장에서는 '수포자'라는 말이 참으로 유쾌하지 않을 뿐만 아니라, 교사로서 무거운 책임감과 때론 자괴감마저 들게 합니다. 한편으론 오죽하면 수학에 대한 배움을 포기하게 되었을까 싶은 안타까운 마음이 듭니다.

8. 사교육걱정없는세상 보도자료(2015.7.22.), 조사기간 : 2015.5.7.~5.21. 출처: https://data.noworry.kr/170 [사교육걱정없는세상 교육통계]

#밤새워_ #수학_열공_ #BUT_ #처참한_ #내 점수_ #이거 실화냐?_ #수학_너_참_나빴어!

√ 타고난 수포자는 없다

태어날 때부터 수학으로부터 멀어진 학생들이 따로 정해지는 것은 아닙니다. 나름의 사정이 있었을 것입니다. 예를 들어 누군가를 좋아하고 잘 보이려고 꽤 노력했는데, 그 상대로부터 사랑받고 인정받지 못했다면 기분이 어떨까요? 어쩐지 서운하고 슬프면서도 때론 그 상대가 밉고 싫어질 수도 있습니다. 그런데 이런 감정은 수학에 대해서도 마찬가지입니다. 처음에는 분명 수학을 잘하고 싶은 마음에 의욕적으로 공부했을 것입니다. 하지만 자꾸 원하는 결과에서 멀어진 거죠. 말하자면 매번 수학 시험에서 낮은 성적을 받는다거나, 문제풀이 때마다 계속 오답을 내는 것도 별로 유쾌한 경험은 아니었을 것입니다. 그런 부정적인 결과들이 계속 이어지다 보면 학생들은 차츰 수학에게 요즘 말로 하면 '마상[9]'을 입게 됩니다.

> 혹시 수학이 나를 싫어하는 것 아닐까?
>
> 역시 나와 수학은 잘 안 맞는 것 같아…
>
> 이해한 줄 알았는데 막상 문제를 풀려고 하면 자꾸 막혀요.
>
> 공부한 문제인데 시험지를 받으면 공식이 하나도 기억 안 나요.
>
> 선생님, 친구들, 부모님은 말해요. '그거 지난주에 배웠잖아'. 물론 알고 있어요. 하지만 공부해도 기억이 안 나는 걸 어떻게 해요?

9. 마음의 상처를 뜻하는 신조어

이렇게 꼬리에 꼬리를 무는 부정적인 생각과 경험이 켜켜이 쌓이다 보면 결국 수학에 대한 마음의 문도 굳게 닫아버리게 되죠. 그리고 수학은 노력해도 안 된다는 생각을 굳힌 채 수포자의 대열에 합류하게 되는 것입니다.

√ 공식은 외우는 순간 언젠간 반드시 까먹게 되어 있다

많은 학생들이 연습장이 뚫어져라 수학 공식을 무한 반복해서 쓰면서 최대한 오랫동안 머릿속에 담아두기 위해 애씁니다. '쓰고 또 쓰다 보면 언젠가는 외워지겠지…' 하는 절박한 마음일 것입니다. 하지만 이렇게 외운 공식이 과연 얼마나 오래 기억 속에 머물까요? 설령 외웠다고 해도 이것이 온전히 자신의 것이라고 장담할 수 있을까요? 더도 말고 수학 시험까지만 버텨주면 다행일 것입니다. 그래서 여기에서 잠깐 배움과 기억의 관계를 살펴보도록 합시다.

오른쪽 피라미드 그림(69쪽 참조)은 학생들의 평균 기억률을 정리한 것입니다. 그림에서 보듯 강의를 통해서 학습한 내용은 5%, 읽기를 통해서 학습한 내용은 10%, 시청각 자료로 학습한 내용은 20%가 기억에 남는다고 합니다. 이 이론에 따르면 여러분들이 수업시간에 강의를 통해서 한번 들은 내용을 까맣게 잊어버리는 건 당연한 결과라고 할 수 있습니다. 강의에서 배운 내용은 겨우 5%만 기억에 남을 뿐이니까요.

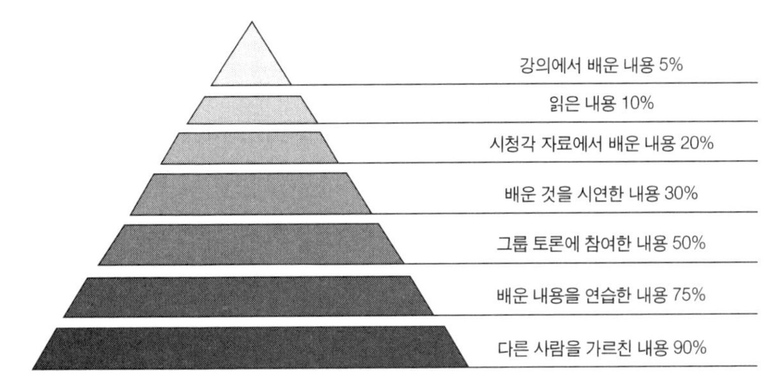

학습 방법에 따른 평균 기억률[10]

수업에서 설명을 들은 것만으로는 온전히 학습이 이루어질 수 없다. 읽고, 시연하고, 토론하며, 연습하고 남에게 다시 가르치는 과정이 더해질수록 비로소 자신의 배움으로 남는다.

수학책에서 읽은 내용이 기억에서 가물가물한 것도 당연합니다. 10% 정도만 기억에 남으니까요. 여러분은 분명 공식을 암기하는 데 적잖은 시간을 투자하고 있을 테지만, 안타깝게도 단순히 암기한 공식이라면 금세 기억에서 사라질 수밖에 없습니다. 심지어 의미도 모른 채 암기한 공식이라면 더더욱 쉽게 까먹을 수밖에 없죠.

물론 이 피라미드에 대해서 다른 의견들도 있습니다. 피라미드의 각 단계의 효과가 정확하게 검증되지 않았다는 이야기도 있죠. 하지만 각 단계를 점진적으로 학습에 활용한다면 충분히 학습효율을 높일 수 있습니다. 피라미드에 따르면 가장 효과가 좋은 것은 학습

10. Lalley, James P ; Miller, Robert H, The learning pyramid: does it point teachers in the right direction?. Education (Chula Vista), 2007-09-22, Vol.128 (1), p.67

한 내용을 다른 사람들에게 매 시간 가르치는 것입니다. 개인적으로 생각해도 교사로서 학생들을 가르치다 보면 수학 내용에 대해서 점점 더 정확하게 이해하게 되고, 한층 더 깊이 있게 생각할 수 있게 됩니다. 오늘부터 배운 내용을 친구나 동생, 부모님에게 설명하면서 자신의 것으로 만들어보면 어떨까요? 그러면 그냥 단순하게 공식을 연습장에 반복해서 써서 암기할 때보다 훨씬 더 오래 공식을 기억할 수 있을 뿐만 아니라, 나아가 공식에 담긴 개념을 온전히 자신의 것으로 소화할 수 있을 것입니다.

수

숫자들의 속삭임에 **귀를 기울여봐!**

앞에서 우리는 많은 학생들이 수학을 싫어하고, 심지어 두려워한다는 이야기를 했습니다. 그런데 아이러니하게도 현실에서는 수학과 관련된 영화나 드라마가 종종 큰 인기를 얻기도 합니다. 대표적으로 수학과 관련된 영화인 〈21〉, 〈뷰티풀 마인드〉, 〈굿윌헌팅〉, 〈용의자 X의 헌신〉 등과 드라마 〈넘버스〉 등은 대중적으로 꽤 큰 인기를 끌었죠.

또한 《박사가 사랑한 수식》, 《페르마의 마지막 정리》 등 수학과 관련된 소설들도 큰 인기를 끌었습니다. 학창 시절 내내 시달렸던 수학을 생각하면 골치가 지끈지끈하고, 쳐다보는 것조차 진저리가 처질 법도 한데, 성인이 되어 기꺼이 자신의 소중한 여가시간을 투자하여 수학과 관련된 영화와 드라마, 책 등을 보는 현상이 참으로 재미있습니다.

√ 뒤늦게 수학의 재미를 깨달은 사람들

수년 전 직장인들 사이에서는 '스도쿠 퍼즐'이 대유행하기도 했습니다. 스도쿠는 대표적인 수학 퍼즐의 하나입니다. 온종일 이어진 고된 업무를 마친 직장인들이 휴식을 취하기도 모자란 여가시간에 틈틈이 골치 아픈 수학 퍼즐 풀이에 매달린 것입니다. 그뿐만이 아닙니다. 수학은 TV 예능프로그램의 소재로까지 등장했습니다. 〈문제적 남자〉라는 한 예능프로그램을 예로 들면, 출연자들이 논리·수학 문제들을 풀고, 먼저 문제를 푼 출연자가 정답을 이끌어낸 과정을 다른 출연자들에게 설명하는 형식입니다.

스도쿠 퍼즐

대표적인 수학 퍼즐인 스도쿠는 수년 전 직장인들 사이에서 큰 인기를 끌었다. 학창시절에는 수학이라면 질색했던 사람들이 졸업 후 여가시간에 굳이 수학을 즐기는 모습이 재미있다.

또한 드라마, 영화, 예능 등 다양한 분야에서 미스테리한 수학적 요소들을 추가하여 시청자들을 추리하게 만들기도 하죠. 출연자들이 한껏 집중하여 머리를 쓰며 제작진과 치열한 두뇌싸움을 벌이는 프로그램은 꽤 높은 시청률을 얻기도 합니다.

여가시간에 보드게임을 즐기는 사람들도 많습니다. 그런데 이 보드게임 중에는 수학과 관련된 것들이 생각보다 많습니다. 이 모든 것들을 즐기는 사람들의 표정에서는 수학 시간에 학생들에게서 자주 보여지는 지루함이라든가 권태감, 무기력 같은 기색은 찾아보기 어렵습니다. 또한 어려운 문제를 만나면 좌절하기보다는 어떻게든 해결하기 위해 노력하며 이렇게 저렇게 머리를 짜내면서 풀이 자체를 재미있게 즐기는 모습이 역력합니다.

이런 양상을 지켜보면 정말로 우리는 모두 태생적으로 수학을 사랑하는 DNA를 갖고 있는 게 분명하다는 생각이 들기도 합니다. 다만 학창시절에는 오직 시험을 위해서만 수학을 공부했기 때문에 수학의 순수한 재미를 발견할 여유를 갖지 못했던 거겠죠. 졸업 후 시험의 압박과 굴레에서 완전히 벗어난 후에 새삼스레 수학의 재미와 즐거움에 빠져드는 것입니다.

√ 수에서 출발한 수학, 일단 숫자와 친해지자

여러분도 잘 알다시피 수학은 '수'를 주로 다룹니다. 이 '수'를 어떻게 조합하느냐에 따라 전혀 다른 답이 도출되기도 하지요. 이제부터라도 공식을 의미 없이 단순히 암기하는 것이 아니라 숫자들의 속삭임 속에 담긴 의미를 이해하려고 노력한다면 수학을 전혀 새로운 시각에서 바라볼 수 있을 것입니다.

우리 인간은 역사적으로 필요에 따라 국가, 언어, 학교, 화폐 등을 창조했듯이 다양한 수를 만들었습니다. 예컨대 물질의 양을 수로 표현하고, 그러한 수를 문자로 대신하여 사용하면서 수를 대신하는 수학, 즉 대수학이 탄생한 거죠. 대수학이란 '연산'이라는 도구를 이용하여 수와 양들의 관계를 연구하는 수의 학문을 말합니다. 수(數) 중에서도 자연수(自然數)는 수의 발생과 동시에 존재했다고 봅니다. 자연수는 한자로 풀이하면 스스로(自), 그러한 (然), 수(數)라는 뜻을 가지고 있죠. 즉 사물의 개수를 셀 때 쓰이는 가장 '자연스러운 수'라는 뜻입니다.

자연수 중에서도 특히 소수(素數, prime number)에 관한 연구가 활발히 이루어지고 있습니다. 소수를 주제로 전문서뿐만 아니라 대중적인 책, 예컨대 《소수의 음악》, 《소수는 어떻게 사람을 매혹하는가?》 등이 출간되어 있을 정도입니다. 여러분도 수학 시간에 배운 기억이 있겠지만, 소수란 자연수 중에서 1과 자기 자신만으로 나누어떨어지는 수를 말합니다. 이를테면, 2, 3, 5, 7, 11, 13, 17, 19, 23, 29, 31,⋯ 등은 모두 소수이지요. 이와 달리 4=(2×2), 6=(2×3), 16=(2×2×2×2) 등은 합성수(合成數)라고 합니다. 그런데 1은 소수도, 합성수도 아니죠. 또 우리는 소수를 이용하여 인수분해를 합니다. 사실 마음만 먹으면 수의 다채로운 매력을 얼마든지 찾아낼 수 있습니다.

가우스가 쓴 논문은 많지만, 그가 남긴 책은 오직 《정수론》 단 한 권뿐이라는 것을 알고 있나요?[11] 이를 통해서도 가우스의 '수'에 대한 깊은 애정을 확인할 수 있습니다. 가우스는 이런 말을 남기기도 했습니다.

> "수학은 과학의 여왕이며, 정수론은 수학의 여왕이다."

여러분도 일단 수에 대해서 관심을 기울여보면 어떨까요? 어쩌면 그것만으로도 수학이 좀 더 친숙하게 느껴질지 모릅니다.

11. 다케우치 가오루, 《소수는 어떻게 사람을 매혹하는가?》(서수지 옮김), 사람과나무사이, 2018, 126쪽 참조

공식

꼭 공식을 외워야만 **수학 문제를 풀 수 있을까?**

많은 학생들이 수학을 공부할 때, 공식을 외우는 데 꽤 오랜 시간을 투자합니다. 정해진 시간 안에 더 많은 문제를 더 빨리 효율적으로 풀기 위해서겠지요. 그러다 보니 수학 문제풀이를 위해서는 마치 공식 암기가 필수조건처럼 여겨지는 경향이 있습니다.

√ 원리로 차근차근 이해해보는 집합

물론 공식을 잘만 활용하면 여러 가지로 편리한 점이 많습니다. 하지만 그렇다고 공식이 필수는 아닙니다. 수학은 그렇게 꽉 막힌 학문이 아니니까요. 집합을 예로 들어볼까요?

주어진 기준에 의하여 그 대상을 명확하게 알 수 있는 것들의 모임을 집합이라고 합니다. 그리고 집합을 이루는 대상 하나하나를 가리켜 그 집합의 원소라고 하죠. 예를 들어 9보다 작은 자연수 중에서 짝수의 모임은 '2, 4, 6, 8'이죠. 이처럼 기준에 맞는 대상을 명확하게 알 수 있기 때문에 '9보다 작은 자연수 중 짝수의 모임'은 집합의 요건을 충족하며, 집합의 원소는 '2, 4, 6, 8'이 됩니다.

집합은 그림으로 나타낼 수 있는데, 집합을 나타내는 그림을 벤다이어그램이라고 합니다. 집합을 벤다이어그램으로 표현할 때 전체집합 U의 내부에 주어진 기준을 만족하는 집합 A의 영역을 설정한다고 생각하면 다음과 같은 단계로 그릴 수 있습니다. ① 먼저 전체집합의 영역을 사각형으로 그립니다. ② 그리고 그 전체집합 속에서 주어진 기준을 만족하는 영역을 O, 주어진 기준을 만족하지 않은 영역을 X라 합니다. ③ O로 표시된 영역에 집합 A를 표현하는 원을 그립니다. ④ O, X기호를 지우고 표현합니다.

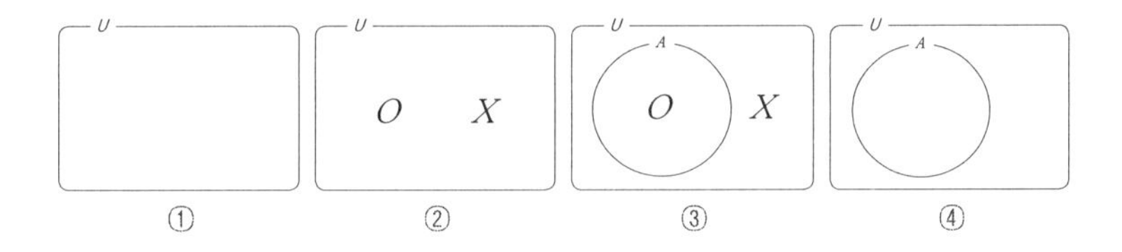

물론 O에 해당하는 영역을 다음과 같이(78쪽 참조) 사각형이나 오각형 등 다양한 도형을 이용하여 표현할 수도 있습니다. 꼭 동그라미로 표현해야 한다는 법은 없다는 뜻입니다. 다만 일반적으로는 원을 많이 활용하여 표현하는 편이죠.

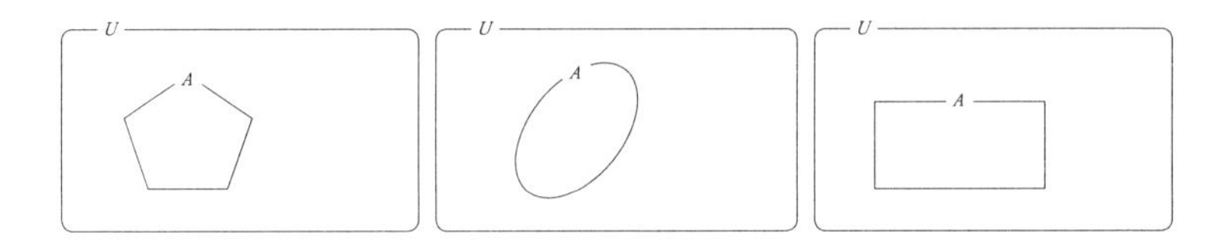

그러면 앞서 언급했던 9보다 작은 자연수 중 짝수를 벤다이어그램으로 표현해볼까요? 9보다 작은 자연수 전체를 U라하고 9보다 작은 자연수 중에서 짝수의 모임을 A라고 하면, 아래와 같이 표현할 수 있습니다.

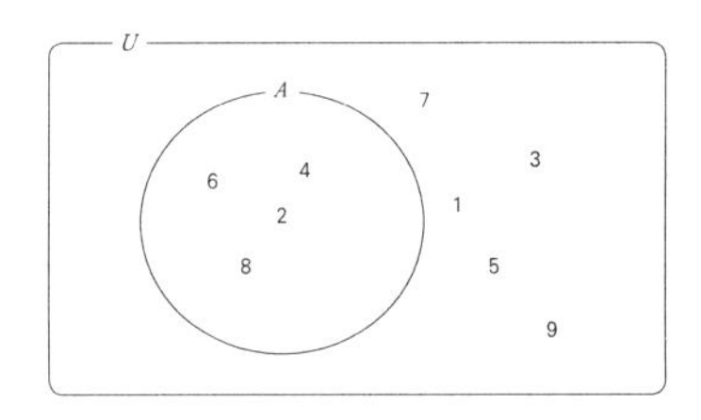

집합을 벤다이어그램으로 표현하는 경우에는, 포함과 배제의 원리, 즉 이분법이 사용됩니다. 전체집합 U에 집합 A와 B가 존재한다고 할 때, A와 B는 어떻게 표현할 수 있을까요? 어렵지 않습니다. ① 전체집합 U, 집합 A가 벤다이어그램으로 표현된 상태에서 집합 B를 표현한다고 생각하면 ② 집합 B에 포함되는 부분을 O, 집합 B에 포함되지 않은 부분을 X이라고 할 때, 그림은 4가지 영역으로 나눌 수 있습니다. ③ O로 표시된 영역에 집합 B를 표현하는 원을 그립니다. ④ O, X기호를 지우고 표현합니다.

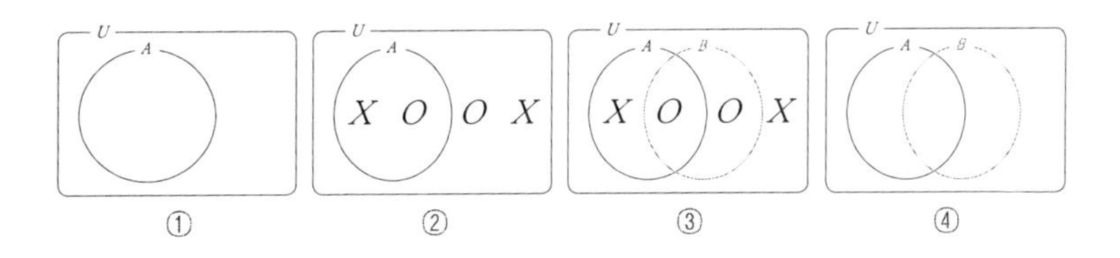

여기서 O, X의 순서와 위치는 상관없습니다. 또한 도형의 모양도 전혀 중요하지 않습니다. 다음의 그림처럼 말이죠.

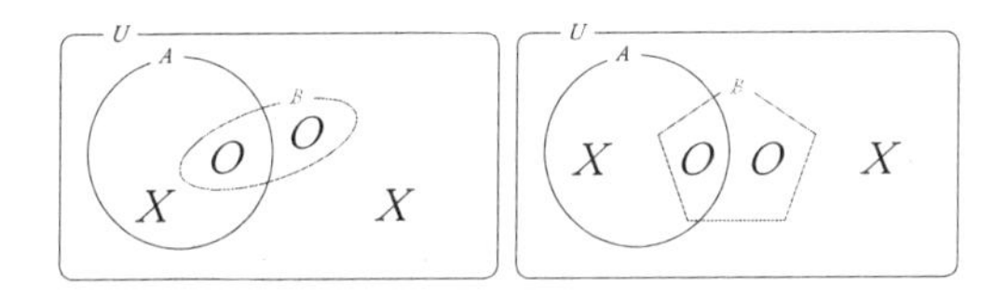

세 집합을 벤다이어그램으로 표현하는 방식도 원리로 이해할 수 있습니다. 만약 위의 그림에서 새로운 집합 C가 추가된다고 생각해볼까요? ① 전체집합 U, 집합 A, B가 벤다이어그램으로 표현된 상태에서 집합 C를 표현한다고 생각하면 ② 집합 C에 포함되는 부분을 O, 집합 C에 포함되지 않은 부분을 X이라고 하면 주어진 그림은 8가지 영역으로 나뉩니다. ③ O로 표시된 영역에 집합 C를 표현하는 원을 그립니다. ④ O, X기호를 지우고 표현합니다.

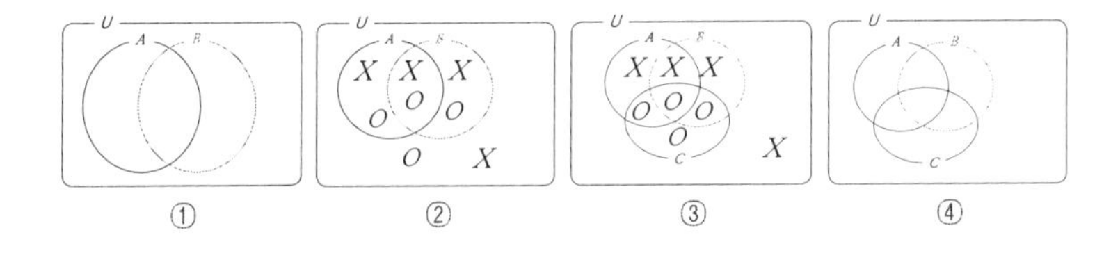

#빨리_외우고_#빨리_까먹느냐_#좀_돌아가도_#원리를_이해하느냐_#나의_선택은?

자, 그러면 이제 한 걸음 더 나아가 4개의 집합은 벤다이어그램으로 어떻게 표현할 수 있을까요? 우리는 4개의 집합을 벤다이어그램으로 표현해본 적이 없습니다. 관련된 규칙도 모릅니다. 그러니 암기한 적도 없겠죠. 하지만 원리를 알면 생각을 확장해서 얼마든지 그릴 수 있을 것입니다. 다음과 같이 말입니다. ① 전체 집합 U, 집합 A, B, C가 벤다이어그램으로 표현된 상태에서 집합 D를 표현한다고 생각하면, ② 집합 D에 포함되는 부분을 O, 집합 D에 포함되지 않은 부분을 X이라고 할 때, 주어진 그림은 16가지 영역으로 나뉩니다. ③ O로 표시된 영역에 집합 D를 표현하는 도형을 그려요. ④ 이제 O, X기호를 지우고 표현하면 되겠죠?

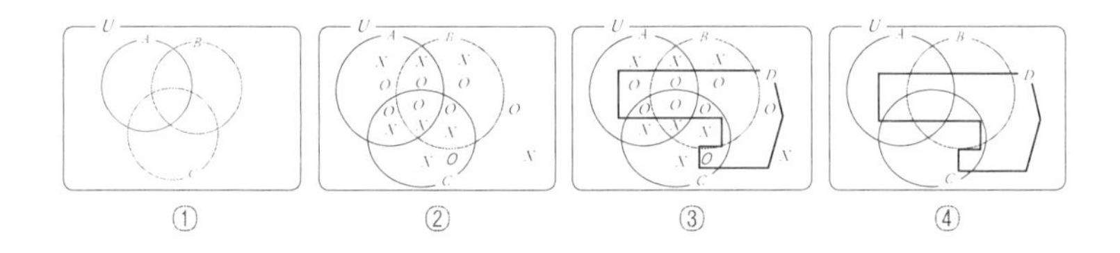

① ② ③ ④

이와 같은 규칙을 발견하고 원리를 파악했다면 5개의 집합도 벤다이어그램으로 그릴 수 있겠죠? 재미 삼아 아래의 벤다이어그램에 집합 E를 한번 표현해봅시다.

√ 이해하기 귀찮으니까 그냥 공식으로 외운다고?

집합 $A=\{1, 2\}$의 부분집합의 개수는 집합 A의 부분집합 중에서 원소 1을 포함하는 경우와 포함하지 않은 2가지 경우, 또 원소 2를 포함하는 경우와 포함하지 않는 2가지 경우를 각각 곱한 것과 같습니다. 즉 $2\times2=4$가 됩니다.

어쩌면 지금 당장 책을 덮어버리고 싶을 만큼 설명이 다소 복잡했는지도 모르겠습니다. 그런데 지금까지 복잡하게 설명한 부분집합의 개수를 찾는 방법은 사실 공식이 있습니다. 공식으로 외워버리면 풀이는 한층 간단해지겠죠. 여러분도 차라리 공식을 외우는 게 훨씬 편하겠다고 투덜거릴지도 모르겠군요. 물론 전혀 틀린 말은 아닙니다. 앞서도 말했지만 공식을 외워두면 특히 시험 때처럼 문제풀이 시간이 한정된 조건에서 효율적인 측면이 있는 것은 사실입니다.

하지만 새로운 개념이 등장할 때마다 새로운 용어와 공식은 계속 추가됩니다. 그렇기 때문에 개념 이해 없이 그냥 외워버린 용어와 공식들은 끊임없이 등장하는 새로운 공식들의 융단폭격 속에서 금세 기억에서 가물가물해질 수밖에 없는 것입니다. 따라서 새롭게 등장한 공식을 빨리 외우는 데 급급하기보다는 조금 돌아가더라도 이전에 배운 내용의 의미와 공식을 비교 분석을 하면서 곱씹는 것이야말로 내용을 온전히 자신의 것으로 만드는 수학 학습의 진짜 지름길임을 여러분이 꼭 기억했으면 합니다.

공식은 외우는 것이 아니라 필요에 따라 만들어내는 것

공식과 관련하여 가우스가 초등학생일 때의 일화를 하나 소개할까 합니다. 워낙 유명한 얘기라서 이미 알고 있을지도 모르겠군요.

어느 날 선생님은 가우스를 포함해 말썽을 부린 학생들에게 1부터 100까지 숫자를 모두 더하는 문제를 풀도록 하였습니다.

나머지 학생들은 인상을 팍팍 쓰면서도 하는 수 없이 종이에 숫자들을 하나씩 더하며 문제를 풀기 시작했죠. 하지만 가우스는 다른 친구들과 달리 숫자들을 하나씩 더하지 않고, 잠깐 골똘히 생각에 잠기는가 싶더니 순식간에 답을 계산해냈습니다. 게다가 오랜 시간 더하기에 매달린 친구들은 중간에 계산이 틀려 오답투성이였는데, 제일 먼저 문제를 해결한 가우스는 정확한 답을 써냈죠. 대체 가우스는 어떻게 문제를 쉽게 해결했을까요?

$$
\begin{array}{rrccccccccccccc}
 & S= & 1 & + & 2 & + & 3 & + & \cdots & + & 98 & + & 99 & + & 100 \\
+) & S= & 100 & + & 99 & + & 98 & + & \cdots & + & 3 & + & 2 & + & 1 \\
\hline
 & 2S= & 101 & + & 101 & + & 101 & + & \cdots & + & 101 & + & 101 & + & 101
\end{array}
$$

100개

$2S = 101 \times 100 = 10{,}100$

$S = 5{,}050$이다.

가우스는 1+2+3+⋯+99+100을 먼저 쓰고 100부터 1까지인 100+99+98+⋯+2+1을 아래 행에 다시 한 번 적었습니다. 덧셈은 교환법칙이 성립하므로 순서를 바꿔서 계산해도 답은 달라지지 않습니다. 위의 항에서 보듯이 앞쪽부터 차례대로 각각 더하면 1+100=101, 2+99=101로 모두 101의 값이 나옵니다. 그러면 101이

100개 있는 셈이므로, 101×100은 10,100입니다. 그리고 이를 반으로 나누어 5,050의 답을 구한 것입니다.

즉 가우스는 숫자 하나하나를 더하는 대신에 원리를 파악하여 문제를 해결하는 일종의 공식을 만들어낸 거죠. 그리고 가우스의 방법은 오늘날 등차수열의 합을 구하는 공식을 증명할 때 활용됩니다. 1, 2, 3, 4, …와 같이 수가 나열된 것을 수열이라고 합니다. 수열 중에서 첫째 항부터 차례로 일정한 수를 더해서 만들어지는 수열을 등차수열이라고 하며, 그 일정한 수를 공차라고 부릅니다. 예를 들면 1, 2, 3, 4, …도 수열이며 등차수열입니다.

1, 2, 3, 4, 5, …

+1 +1 +1 +1

등차수열의 첫째항을 a, 공차를 d라 하면, n번째 항 l은 $a+(n-1)d$입니다. 첫째항 a에 공차인 d를 $n-1$번 더한 것이죠. 그럼 첫째항 a부터 제 n항인 l까지 합을 S_n이라 하면, S_n을 구하는 방법은 무엇이 있을까요? 순서대로 더하는 것은 시간도 많이 걸리고 실수할 수 있겠죠. 그래서 가우스의 방법을 이용하면 다음처럼 구할 수 있습니다.

$$
\begin{array}{rcccccccccccccc}
 & S_n = & a & + & (a+d) & + & (a+2d) & + & \cdots & + & (l-2d) & + & (l-d) & + & l \\
+) & S_n = & l & + & (l-d) & + & (l-2d) & + & \cdots & + & (a+2d) & + & (a+d) & + & a \\
\hline
 & 2S_n = & (a+l) & + & (a+l) & + & (a+l) & + & \cdots & + & (a+l) & + & (a+l) & + & (a+l)
\end{array}
$$

n개

이므로

$$S_n = \frac{n(a+l)}{2} \quad \cdots\cdots \text{①}$$ 이다.

이때 $l=a+(n-1)d$이므로 이것을 ①에 대입하여 정리하면

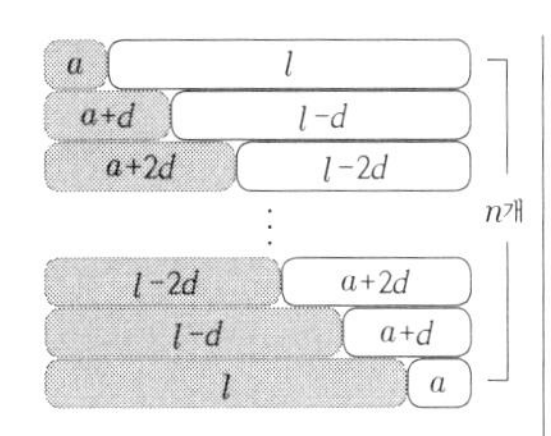

$$S_n = \frac{n\{2a+(n-1)d\}}{2}$$ 이다.

이 공식 $S_n = \frac{n\{2a+(n-1)d\}}{2}$은 등차수열의 합을 구하는 공식으로 고등학생들은 암기하고 있죠. 이 공식에 n, a, d 등의 문자가 포함되어 있어서 복잡해보입니다. 하지만 이 공식을 만든 원리가 가우스의 방법임을 이해한다면 복잡한 공식을 암기할 필요가 없습니다. 가우스의 핵심아이디어인 처음항과 마지막 항을 순서를 변경하여 한번 더 더하면 각각 같은 값이 나오고 그 값을 모두 더한 후 2로 나누어주면 되니까요. 연습을 해봅시다. 1부터 100까지 수 중에서 홀수만 더하면 얼마일까요?

1부터 100까지 수 중 홀수는 첫 번째 항이 1, 공차가 2인 등차수열입니다. 그래서 등차수열의 합을 구하는 공식에 대입할 수 있겠죠? 하지만 공식 암기 없이 원리만 이해하면 쉽게 결과를 구할 수 있어요. 1부터 99까지 홀수의 개수는 50개이며, 첫 번째항과 마지막 항을 더하면 100이므로 1+3+5⋯+97+99의 합은 2500입니다.

$$\begin{array}{rrcrcrcrcrcrcrcr} & S= & 1 & + & 3 & + & 5 & + & \cdots & + & 95 & + & 97 & + & 99 \\ +) & S= & 99 & + & 97 & + & 95 & + & \cdots & + & 5 & + & 3 & + & 1 \\ \hline & 2S= & 100 & + & 100 & + & 100 & + & \cdots & + & 100 & + & 100 & + & 100 \end{array}$$

50개

$$2S = 100 \times 50$$
$$S = 2,500$$

그러면 이 방법을 응용하여 1부터 100까지 숫자 중 짝수만 모두 더하면 얼마일지 한번 연습해봅시다!

이젠 수학의 매력에 빠질 만도 한데…

2020년에는 코로나19 때문에 새학기가 시작되어도 등교해서 친구들을 바로 만날 수 없었습니다. 온라인 개학을 했지만 새로 만난 친구들과 예전처럼 빨리 친해지기에는 역부족이었죠. 학기가 시작된 후에도 한동안 서로 데면데면할 수밖에 없었습니다. 아마 대부분은 등교수업이 시작되어 얼굴을 마주하고서야 서로에게 조금씩 친밀감을 느끼게 되었을 것입니다. 누군가와 친해지려면 서로에 대해 알아가는 과정이 꼭 필요합니다. 무엇을 좋아하고 무엇을 싫어하는지, 또 무엇을 잘하고 관심이 있는지 등 서로에 관해 차근차근 알아가는 동안 끌리는 매력을 발견하고 친밀함도 함께 쌓아가게 되는 거죠. 수학도 비슷합니다. 다짜고짜 어려운 수학 문제를 던져주고 풀어보라고 강요하면서 수학을 좋아하라고 말할 순 없죠. 그래서 기본적인 수학의 언어부터 이해하면서 천천히 친해지는 과정이 필요합니다. 처음에는 조금 더딘 것처럼 보일지도 모르지만, 결국에는 수학과 깊은 친밀감을 쌓으며, 수학의 매력에 빠질 것입니다. 덤으로 논리적 사고력과 수학 자신감도 함께 성장할 것입니다.

CHAPTER 03

수학의 도발

응용문제

보여줘,
인간의 위대함을!

유독 계산을 싫어하거나 서툰 학생들이 있습니다. 복잡한 계산을 마주하면 어쩐지 정확하게 해낼 자신이 없다며 두려워합니다. 또 시험에서 어처구니없는 계산 실수 때문에 뻔히 아는 문제를 틀린 경험이 있으면, 계산할 때 더욱 조심스러워지죠.

불공평하지만 세상에는 복잡한 계산도 빠르게 해내는 암산 능력이 뛰어난 극소수의 사람들이 있습니다. 독일 출신의 암산 능력자 자카리아 데이스(Johan Zacharias Dase, 1824-1861)라는 사람은 8자리 곱셈을 단 54초 만에, 20자리 두 자리 곱셈을 6분 만에, 40자리 두 자리 곱셈을 40분 만에 암산해내는 놀라운 능력을 발휘하기도 했습니다. 또 수학자들 중에도 유독 뛰어난 계산 능력을 가진 사람들이 있죠. 특히 과거에는 지금처럼 컴퓨터도 발달하지 않았기 때문에 수학자들에게 계산은 꼭 필요한 능력이었습니다. 결국 수학은 주로

수로 이루어져 있으며, 자기 생각을 증명하기 위해서는 이를 계산 해내는 과정이 불가피했으니까요.[1]

√ 인공지능이 아직 도달하지 못한 문제풀이 영역은?

계산 과정을 거치지 않으면 그 어떤 것도 증명할 수 없습니다. 따라서 빠르고 정확한 계산 능력도 여전히 수학에서 중요한 부분을 차지하는 것은 사실입니다. 하지만 그것은 단지 수학의 일부에 불과합니다. 특히 오늘날처럼 컴퓨터가 발달한 세상이라면 계산은 솔직히 우리 인간이 반드시 키워야 할 중요한 역량이라고 보기 어렵죠. 어차피 복잡한 계산은 컴퓨터가 훨씬 더 정확하게, 심지어 엄청난 속도로 실행해줄 수 있으니까요. 그렇다면 컴퓨터, 인공지능이 할 수 없는 것이 무엇일까요? 아직은 응용문제입니다. '아직은'이라는 표현을 쓴 이유는 벌써 복잡한 응용문제를 이해하는 인공지능을 개발하는 단계에 진입했기 때문이죠. 따라서 앞으로는 어떻게 될지 모르지만, 적어도 아직까지 응용문제는 사람만이 풀 수 있는 영역이라는 데 자부심을 가지고 도전했으면 합니다. 하지만 문제는 응용문제를 싫어하는 친구들이 꽤 많다는 것입니다. 수학을 유독 어려워하는 학생들에게 종종 이런 질문을 합니다.

1. 박부성, 《천재들의 수학 노트》, 향연, 2003, 115쪽 참고

"수학이 언제 처음으로 어렵게 느껴졌니?"

"중학교 일차방정식 실생활의 활용 단원을 공부하면서요."

많은 학생들이 문장을 읽고 내용을 파악한 후에 이를 필요한 수와 식으로 변환하는 과정을 어려워합니다. 말하자면 느닷없이 '소금물의 농도는 대체 왜 구해야 하고', 생뚱맞게 '두 친구는 왜 굳이 반대 방향으로 가야 하며, 그래놓고 왜 다시 만나야 하는지' 등등 전혀 이해할 수도, 공감도 할 수 없는 상황들로 이루어진 문제를 접하다 보니 응용문제를 더더욱 어렵게 받아들이는 것입니다. 또한 응용문제는 대체로 하나의 개념이 활용되는 것이 아니라 여러 개념이 단계적으로 적용되어야 해결할 수 있는 것들이 대부분입니다. 따라서 이런 문제들 앞에서 좌절을 반복하다 보면 결국 수학은 너무 어렵다고 단정하게 됩니다. 급기야 응용문제만 보면 속이 울렁거리고, 한없이 약해지며 아예 풀어볼 엄두조차 내기 어렵다며 두려움을 호소합니다.

"공식암기하여 대입하는 기본문제는 그럭저럭 풀 수 있는데… 응용문제는 영…"

네, 응용문제는 공식 하나만 대입한다고 답이 바로 튀어나오는 것이 아닙니다. 따라서 어떤 공식을 사용해야 하는지, 또 먼저 적용해야 할 개념은 무엇인지 등 풀이 과정의 큰 그림을 먼저 그리고 나서 풀이 과정에 대한 생각을 차근차근 정리할 수 있는 능력이 꼭 필요합니다. 종합적인 해결 능력을 요구하는 이러한 점 때문에 아직은 인공지능이 범접하기 어려운 분야로 남아 있는 것입니다. 단순히 공식만 대입하여 푸는 문제는 이미 인공지능이 인간과 비교할 수 없을 만큼 빠른 속도와 높은 정확성으로 풀어낼 수 있습니다. 따라서 그런 단순한 문제풀이 능력은 미래사회에 그리 필요한 능력이 아닙니다.

여러분이 앞으로 살아갈 미래사회에서 요구되는 역량은 단순한 계산 능력이 아니라 여러 가지 생각을 정리하며 다양한 개념을 적용하여 종합적으로 문제를 해결할 수 있는 사고력, 창의력, 순발력, 판단력 등과 같은 것들입니다. 그리고 이는 응용문제를 해결하기 위해 필요한 역량과 다르지 않습니다. 지금보다 더 뛰어난 인공지능과 함께 살아가게 될 미래사회에서 인공지능과 차별화된 능력을 계발하는 것이야말로 우리 인간에게는 점점 더 중요한 과제가 될 것입니다.

셈

개념도 모른 채
'셈'을 시작한 인간들

인류가 처음 지구상에 등장했을 때는 지금과 같은 이성적인 모습과는 거리가 멀었습니다. 오히려 다른 동물들과 마찬가지로 본능에 전적으로 의존한 채, 오직 생존을 위해 발버둥치는 치열한 생활을 했을 것입니다.

√ 무리생활과 함께 자연스럽게 수의 개념을 세우다

아마도 인류는 처음에는 수도 모르고, 그러니 수를 세는 방법도 몰랐을 것입니다. 그런데 원시시대 인류의 조상들은 생존을 위하여 먹을 것을 확보하는 한편, 맹수들의 공격으로부터 몸을 피해야 했죠. 하지만 그들은 별로 몸집이 크지도 않고, 날카로운 이빨도 없으며, 그다지 빠른 편도 아닌 까닭에 혼자 채집하고 사냥하기보다는 무리를 지어서 함께 생활하는 것이 생존에 훨씬 유리함을 자연스럽게 터득했을 것입니다. 그래서 무리를 짓고, 각자 역할을 나누어 함께 생활하게 된 거죠.

그런데 여럿이 함께 생활하다 보니 좋은 점도 있지만, 전에 없던 새로운 문제가 생겨났습니다. 즉 예전에는 모든 것을 독차지하면 되었는데, 이제는 함께 사냥하고, 채집한 것들을 나눠야 했으니까요. 서로 불만을 갖지 않도록 공평하게 나눠 가질 방법이 필요했습니다. 이 과정에서 자연스럽게 수의 개념을 만들어 익히게 되었

© 위키피디아 http://en.wikipedia.org/wiki/Image:Inca_Quipu.jpg

키푸 매듭으로 수를 표시

남미 잉카에서 줄의 매듭을 이용하여 수를 표시하고, 10개 매듭을 한 단위로 사용했다.

을 것입니다. 예컨대 사람 1명, 사과 1개, 물고기 1마리, 호랑이 1마리는 각기 다른 대상이지만, 공통으로 '1'이라고 표현할 수 있다는 수의 개념을 알게 된 거죠. 또한 지금의 돈과 같은 화폐가 없었기에 필요한 것은 그때그때 물물교환으로 해결해야 했을 것입니다. 이와 함께 서로 교환하는 물건에 대해 '많다' 또는 '적다', '같다'는 수의 상대적인 개념을 부여하게 되었겠죠. 그리고 더 나아가 이 수의 개념을 바탕으로 수를 세기 시작한 거죠.

인류의 조상이 수를 세기 시작한 증거는 역사적으로 여러 유물을 통해 발견되고 있습니다. 대표적으로 동물의 뼈에 표시하여 수를 셌던 것으로 확인됩니다. 1937년 체코 모라비아에서는 숫자가 새겨진 늑대 뼈가 출토되었는데, 고고학자에 따르면 무려 기원전 3만~2만 5천 년 전 것이라고 추정했습니다. 수를 세기 위해 뼈만 이용한 것은 아닙니다. 끈에 매듭을 지어 수를 세기도 했죠. 예컨대 남미 페루 지역에 사는 잉카인들은 19세기까지도 끈을 묶어 수를 표시하기도 하였습니다(93쪽 사진 참조).[2]

어쩌면 우리 인류의 DNA 속에는 필연적으로 '셈'을 위한 본능이 깊숙이 자리하고 있는지도 모릅니다. 누가 억지로 시킨 것도 아닌데 스스로의 필요에 의해 수 개념을 만들고 계산을 시작했으니까요. 만약 계산을 불편하게 느낀다면 그건 어쩌면 본능을 애써 억누르는 것일지도 모릅니다.

2. 지즈강, 《수학의 역사》(권수철 옮김), 더숲, 2011, 15-18쪽 참조

이상하다..
매듭이랑 안 맞아..
닭이 부족한 것 같은데???
?

√ '셈'은 인간다움 그 자체

2+3=5

여러분 중 이 계산을 하지 못하는 사람은 없겠죠? 예컨대 사과 2개가 있는데, 거기다 사과를 3개 더하면 사과는 총 5개가 된다는 건 일정 연령 이상이면 단박에 알 수 있는 셈법입니다. 이는 우리 인간에게 아주 자연스러운 연산 과정이죠. 그리고 이 단순한 덧셈 연산이야말로 인간다움 그 자체를 보여주는 동시에, 아주 오랜 학습의 결과이기도 합니다. 이 단순한 덧셈을 인간답다고 표현한 것이 다소 거창하게 느껴질지도 모릅니다. 하지만 이진법을 쓰는 컴퓨터는 비록 결과값은 같을지언정 우리 인간과 전혀 다른 방식으로 연산을 수행하기 때문에 전혀 틀린 말은 아닙니다.

그런데 최근 컴퓨터가 기존의 이진법과 다른 방식으로 연산할 수 있게 학습시키는 연구가 진행 중이라고 합니다. 미국에서는 인공지능에게 사칙연산 중 덧셈을 학습시키는 연구를 진행하고 있습니다. 하지만 이 연구는 단순한 계산프로그램이 아닙니다. 머신러닝을 통해서 컴퓨터 스스로가 덧셈의 원리를 학습하게 만드는 연구니까요. 좀 더 구체적으로 설명하면 인공지능에게 1+1=2, 2+3=5, 3+6=9 와 같은 덧셈 문제와 그 답을 60개 가까이 입력합니다. 이때 컴퓨터에 더하기(+)의 원리는 가르쳐주지 않죠. 덧셈의 프로그램도 입력하지 않습니다. 컴퓨터 스스로 입력받은 '1+ 1 = 2' '2+ 3 = 5'…

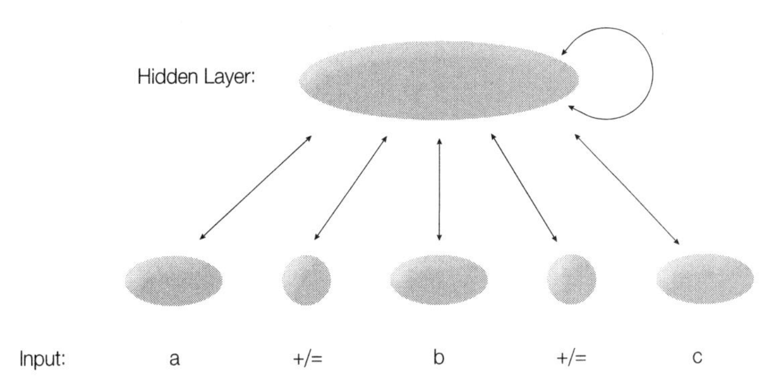

※자료:A neural network model of learning mathematical equivalence

머신러닝을 이용한 덧셈의 원리 학습

기존의 이진법 계산 프로그램이 아니라 머신러닝을 통해 컴퓨터 스스로 덧셈의 원리를 깨닫게 하기 위해 컴퓨터 스스로 입력된 식들을 각각의 단위로 분석하여 더하기의 의미를 찾아내도록 하는 연구이다.[3]

등의 식을 다시 각각의 단위로 분석하여 더하기(+) 기호의 의미를 스스로 찾도록 하는 것입니다.

컴퓨터는 입력된 수많은 데이터들로부터 학습하여 더하기(+)의 의미를 유추합니다. 학습을 했으니 제대로 배운 게 맞는지 컴퓨터도 우리들처럼 시험을 봐야 합니다. 예를 들면 '1+3'의 값을 예측하게 하는 거죠. 그런데 컴퓨터도 우리처럼 시험에서 틀린 답을 도출하기도 합니다. '1+3=3.998' 혹은 '3+5=8.01'처럼 말이죠. 물론 오차는 크지 않지만, 정확한 답을 내지 못하는 경우가 더러 있습니다. 이를 통

3. Kevin W. Mickey, James L. McClelland, 2014, 〈A neural network model of learning mathematical equivalence〉, 《Proceedings of the Annual Meeting of the Cognitive Science Society》, 36(36), p.1014

해 우리 인간이 당연하게 생각하는 '+(더하기)'의 의미를 인공지능이 학습하며 깨닫게 하는 것이 꽤 힘들다는 것을 알 수 있죠. 인공지능이 겨우 알아가는 단계인 '+'의 의미를 우리는 이미 자연스럽게 알고 있으니, 우리 인간이 얼마나 위대한 존재인지 새삼 자부심을 가져도 좋을 것 같습니다. 교육학자들은 컴퓨터가 학습하는 과정을 통해서 사람에게 적합한 학습 횟수, 방법 그리고 학습 과정에서의 어려움 등을 파악하려고 합니다. 인공지능이 학습하는 과정을 통해서 우리가 감각적으로 알고 있는 사실이 무엇인지를 확인하기도 하죠.

그런데 일반적으로 생각할 때, 학습을 많이 시킬수록 더 정확한 답을 도출할 것으로 생각하지만, 오히려 학습을 많이 시킬수록 과적합(over fitting)이 발생합니다. 과적합은 머신러닝에서 학습 데이터를 과하게 학습하여 오직 학습 데이터만 설명할 수 있는 모델을 만든 것을 말하죠. 이런 모델을 가진 인공지능은 학습한 문제는 잘 풀지만, 새로운 문제에 대해서는 정답율이 떨어지기도 합니다. 이러한 일련의 과정을 통해 교육학자들은 다음과 같은 질문을 제기합니다.

"효율적인 학습을 위해 적합한 반복 학습의 횟수는 몇 회일까?"

머신러닝 방식으로 컴퓨터가 연산을 학습하는 과정을 통해서 우리가 알 수 있는 교훈은 무조건 같은 유형의 문제를 많이 푼다고 좋은 것은 아니라는 것입니다. 학생들도 동일한 문제를 여러 번 반복하여 풀면 그 문제의 풀이를 자연스럽게 암기하게 되죠. 그래서 시험

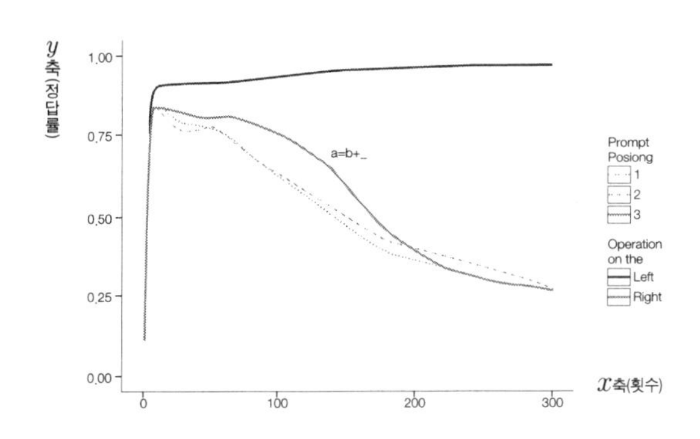

※자료: A neural network model of learning mathematical equivalence

반복과 학습의 관계

교육학자들은 효율적인 학습을 위한 반복 횟수를 연구하는데, 무조건 반복을 많이 한다고 좋은 결과로 이어지는 것은 아니라고 한다. 그림을 통해서 알 수 있듯이 반복 횟수가 증가할수록 정답률이 감소하고 있다.

에서 그 문제가 나오면 생각도 하지 않고 암기한 내용으로 답을 줄줄 써내려 가지만, 조금 변형된 문제가 나오면 크게 당황하며 어쩔 줄 모르는 경우와 비슷하다고 할 수 있습니다.

실제로 여러분도 경험적으로 잘 알고 있을 것입니다. 수학 문제 풀이를 예로 들어볼까요? 너무 같은 유형의 문제만 많이 풀다 보면, 해당 유형의 풀이 방식에 사로잡힌 나머지 새로운 방식으로 풀어야 하는 문제가 나올 때 짐짓 당황하면서 생각을 재정리할 시간이 필요합니다. 이처럼 '셈'은 지극히 단순한 과정 같지만, 아직도 인공지능이 완전히 이해하지 못한 영역으로 인간다움을 드러내는 독특한 특징 중 하나랍니다. 다시 말해 우리 인간의 사고 능력이 얼마나 뛰어난 것인지를 보여주는 증거라고도 할 수 있겠죠?

아라비아 숫자

숫자의 탄생, **너는 내 운명!**

수는 왜 생겨났을까요? 아니 왜 인간에게 필요했을까요? 수의 개념 자체가 없었던 시기에는 자신이 소유하고 있는 식량 같은 것을 기록하고 정리하기 위하여 주변의 작은 물건을 사용했을 것입니다.

√ 내 소유물은 내가 지킨다!

여러분이 수의 개념이 없던 시절에 태어나 농장을 운영하고 있다고 한번 상상해봅시다. 농장에는 닭, 소 같은 가축도 있고, 곡식들도 있겠죠? 그런데 현재 가지고 있는 식량이 얼마나 되는지를 정확히 알고 있어야, 기나긴 겨울을 제대로 대비할 수 있을 것입니다.

당시 사람들은 찰흙으로 모양을 만들어 기록했다고 합니다. 예컨대 자신이 가지고 있는 닭의 마릿수만큼 찰흙으로 작은 원기둥을 만들고, 축사에 있는 소의 마릿수만큼 찰흙으로 공 모양을 만들었던 거죠. 이렇게 만든 작은 찰흙을 물표라고 합니다. 그리고 우리 인류는 '수' 개념이 없는 동안, 무려 5천 년에 걸쳐 이러한 물표를 사용했습니다. 살면서 누군가에게 소를 빌려주거나, 또는 닭을 빌려줘야 할 때면 이 물표를 이용해서 기록했던 거죠.

그런데 이 물표는 결정적으로 위조하기가 쉽다는 치명적 단점이 있었습니다. 예컨대 누구든 찰흙으로 슬쩍 만들어놓을 수 있었던 거죠. 이러한 위조를 방지하기 위해 물표를 감싸는 단단한 덮개를 만들어 씌웠습니다. 하지만 이는 너무 번거로웠습니다. 덮개 안에 어떤 물표가 몇 개나 있는지 확인하기 위해서 매번 덮개를 깨뜨려야 했으니까요. 이것이 너무 성가셨던 사람들은 덮개 위에 덮개 안에 들어 있는 물건에 대한 정보를 기록하기 시작했죠. 예컨대 덮개 안에 달걀 형태의 물표가 7개 있으면, 덮개에 달걀형 그림을 7개 그리는 식이었습니다. 그러다 보니 문득 덮개 표면에 그림만 그려두면 굳이 그 안에 물표를 만들어둘 필요 없다는 것을 깨닫게 된 거죠. 그때부터 기호들이 물표를 대신하여 실제 물건의 개수를 나타나게 된 것입니다. 그러한 과정에서 탄생한 것이 바로 수입니다.[4]

이처럼 수는 실제 대상을 대신 나타내는 기호이자 추상적인 개념입니다. 쉽게 말해 우리는 볼펜 1개를 잡을 수 있지만, 1이라는 '수' 자

4. 이언 스튜어트, 《교양인은 위한 수학사 강의》(노태복 옮김), 반니, 2018, 13~16쪽 참조

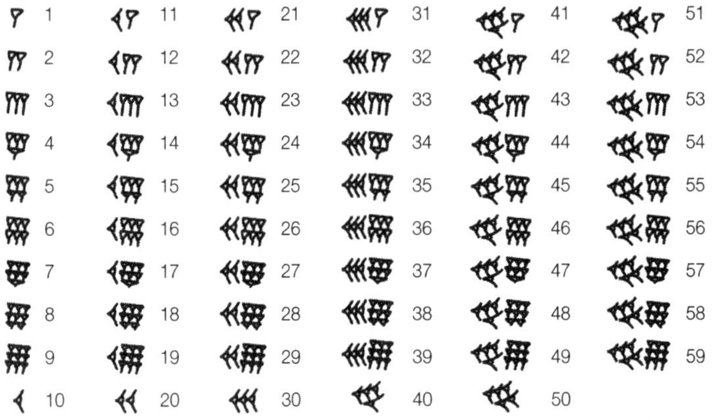

© 위키피디아[5]

아라비아숫자 이전의 수 표현

소유하고 있는 물건의 수량을 파악하기 위해 인류는 수의 개념을 사용하기 시작했는데, 얼핏 봐도 현재의 숫자에 비해서는 다소 복잡한 모습이다.

체를 잡을 수는 없죠.

그럼 우리가 알고 있는 아라비아 숫자 이전에는 어떤 식으로 수를 표현했는지 알아볼까요? 먼저 고대의 바빌로니아 수는 위의 그림처럼 표현되었습니다. 하지만 얼핏 봐도 지금의 1, 2, 3으로 표현하는 것이 훨씬 더 간편합니다.

BC600부터 BC300까지의 그리스 숫자는 다음과 같이 27개의 알파벳으로 1부터 900까지 수를 표기했습니다(103쪽 표 참조).

5. https://ko.wikipedia.org/wiki/%EB%B0%94%EB%B9%8C%EB%A1%9C%EB%8B%88%EC%95%84_%EC%88%AB%EC%9E%90#/media/%ED%8C%8C%EC%9D%BC:Babylonian_numerals.svg

고대 그리스의 숫자들

1	α	alpha	10	ι	iota	100	ρ	rho
2	β	beta	20	κ	kappa	200	σ	sigma
3	γ	gamma	30	λ	lambda	300	τ	tau
4	δ	delta	40	μ	mu	400	υ	upsilon
5	ε	epsilon	50	ν	nu	500	φ	phi
6	ς	vau*	60	ξ	xi	600	χ	chi
7	ζ	zeta	70	o	omicron	700	ψ	psi
8	η	eta	80	π	pi	800	ω	omega
9	θ	theta	90	ϙ	koppa*	900	ϡ	sampi*

*표시한 vau, koppa 및 sampi는 사용되지 않는 문자이다.

과거에는 아랍과 인도가 수학 및 여러 학문의 발전을 이룬 것에 비해, 중세 유럽은 정체되어 있었죠. 그래서 아랍과 인도의 동양 학문이 유럽으로 주로 전파되었습니다. 특히 이탈리아는 아랍과 지리적으로 가까웠기 때문에 발전한 아랍의 수학이 이탈리아를 통해 유럽 전역으로 퍼져나갔죠. 이탈리아의 베네치아, 제노바, 피사는 중요한 상인들이 활발히 거래하는 교역의 중심지이기도 했으니까요. 교역이 늘어날수록 물물교환 대신 화폐를 이용한 거래가 이루어졌습니다. 그러면서 숫자들을 종이에 적을 필요가 생겼고, 숫자 표기법은 더욱 정교해졌죠. 다음의 그림(104쪽 참조)을 보면 서양 숫자 기호가 점차 정교하게 발전하는 과정을 볼 수 있습니다. 결국 우리 인류는 필요에 의해 실제로는 존재하지 않지만 사용하기에 편리한 '수'라는 추상적 개념을 탄생시킨 셈이죠. 참으로 놀랍지 않나요?

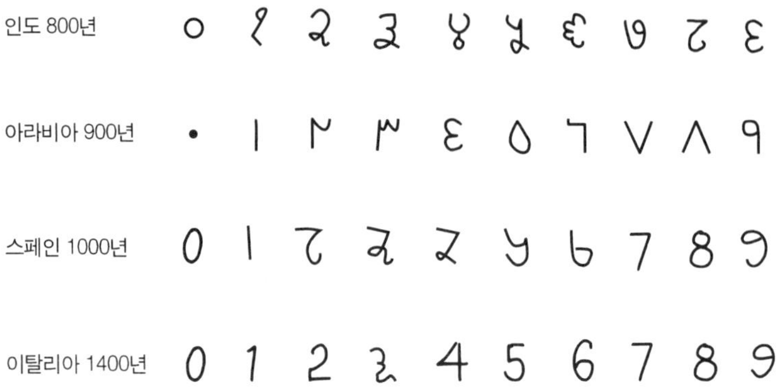

인도 800년

아라비아 900년

스페인 1000년

이탈리아 1400년

서양 숫자 기호의 발전
우리 인류는 실제로는 존재하지 않지만, 사용하기에 편리한 '수'라는 추상적 개념을 발전시켰다.

√ 십진법의 비밀은 열 손가락!

앞에서 우리는 '수'가 결국 소유한 물건을 헤아릴 인간의 필요성 때문에 탄생하게 되었다는 것을 살펴보았습니다. 다시 말해 수의 개념은 물건의 개수를 세기 위하여 나온 것입니다. 그리고 오늘날의 우리는 이 '수'를 자유자재로 활용하며 이런저런 계산을 합니다. 일상생활 속에서 물건값을 계산하는 것부터 기업의 회계자료를 작성할 때도, 또 때로는 태풍의 이동경로 등을 계산할 때도 활용됩니다. 우리 인간의 계산방식은 주로 **십진법**(the decimal system)에 근거합니다. 즉 0에서 9까지 10개의 숫자를 사용하여 수를 나타내며, 한 자리씩 올라갈 때마다 자릿값은 10배씩 커지는 계산방식이지요. 역사적으로 소위 수를 사용하여 '계산'이라는 것이 시작된 사례들을 살펴보면, 대체로 동서양을 막론하고 십진법을 사용했음을 알 수 있습니다.

먼저 이집트인들은 물건의 개수를 셀 때, 작은 돌을 사용했다고 합니다. 물건 하나에 작은 돌 하나를 대응시킨 거죠. 그런데 돌이 10개가 모이면 하나의 단위를 올리는 십진법을 사용했습니다. 이집트뿐만이 아닙니다. 인류의 문명이 시작한 곳들은 대부분 십진법 사용했다는 것을 알 수 있습니다.[6] 중국의 산대 계산법도 십진법을 바탕으로 하고 있죠. 중국 남북조 시대 《손자산경》에는 다음과 같이 산대로 계산하는 구절이 기록되어 있습니다.[7]

> "무릇 계산 방법은 먼저 단위를 파악하는 데서 시작한다. 일의 자리는 세로로, 십의 자리는 가로로 놓는다."

왜 10개가 모이면 하나의 단위를 올리는 10진법을 사용했을까요? 벌써 눈치챘겠지만, 그 비밀은 바로 우리의 손가락에 있습니다. 사람의 손가락은 10개죠. 인종이나 피부색이 달라도, 시대가 달라져도 손가락은 계속 10개입니다. 우리나라의 셈법도 마찬가지입니다. 우리는 '5'라는 숫자를 읽을 때, "다섯"이라고 하고, 숫자 '10'을 읽을 때는 "열"이라고 합니다. 이를 통해 우리 조상들이 손가락으로

6. 김용운 · 김용국, 《수학사의 이해》, 우성, 2002. 22쪽 참조
7. 지즈강, 《수학의 역사》(권수철 옮김), 더숲, 2011. 22쪽 참조

셈을 했다는 사실을 짐작할 수 있습니다. 왜냐고요? 손가락을 편 상태에서 하나씩 접을 때 5번째 손가락을 접으면 손이 닫히게 됩니다. 반대로 양손을 모두 주먹을 쥔 상태에서 손가락을 하나씩 세우면 모두 섰(다섯)을 때 손바닥이 펴지고, 10(열)번째 손가락까지 양손 모두 손가락 모두 세우면 양 손바닥은 '열'린 모습을 하게 되니까요. 이와 비슷한 사례를 중국의 《하후양산경(夏候陽算經)》[8]에서도 찾아볼 수 있습니다. 여기에는 다음과 같이 기록되어 있습니다.[9]

"6 이상이면 5 위에 올라간다."

이처럼 아주 오래전부터 우리 인류는 동서양을 막론하고 자신의 손가락 개수인 5와 10을 바탕으로 자연스럽게 십진법으로 계산을 시작했던 것입니다.

8. 중국의 하후양(夏候陽)이라는 사람이 지은 옛 산술책(算術册)으로 산경십서(算經十書) 중 하나임.
9. 지즈강, 《수학의 역사》(권수철 옮김), 더숲, 2011, 22쪽 참조

이진법

0과 1만 존재하는 세상이란?

우리 인간은 왼손과 오른손, 각각에 달린 손가락을 이용하여 십진법을 발전시켜왔습니다. 앞에서도 잠시 소개한 바 있기는 하지만, 컴퓨터는 우리 인간과는 전혀 다른 방식으로 계산합니다. 즉 0과 1만을 사용하여 2진법으로 연산작업을 진행하지요.

조금 옛날이야기를 꺼내 볼까요? 여러분은 태어나기 전인 1990년대 후반의 일입니다. 1999년 12월 31일에서 2000년 1월 1일로 넘어가게 되면 세상의 모든 컴퓨터가 다운될 거라는 말이 떠돌았습니다. 2진법으로 연산하는 컴퓨터가 2000년 이후의 연도를 제대로 인식하지 못하는 결함인 '밀레니엄 버그(Millennium Bug)'가 일어나 온 세상이 재난에 휩싸일 거라고 했죠. 말하자면 1995년에 입사한 직원의 경우 2000년이 되면 근속연수가 6년이 되어야 하는데, 2000년을 1900년으로 잘못 인식한 컴퓨터는 근속연수를 마이너스로 계산해 급여나 퇴직금 등의 모든 계산이 엉망진창이 되며 혼란에 휩쌓일 거라고 예상했던 것입니다.

물론 다행히도 그런 일은 일어나지 않았습니다. 1999년 말, 자칫 금융시장의 대재앙이 될지도 모를 '밀레니엄 버그'를 예방하기 위해 전 세계가 PC를 교체하고 프로그램을 수정하는 등의 온갖 노력을 기울인 끝에 우리는 모두 무사히 2000년을 맞이했죠. 세기말에 이런 흉흉한 소문이 돌았던 가장 큰 이유는 바로 컴퓨터의 연산체계가 이진법에 따른 것이었기 때문입니다.

√ 신호를 받으면 1, 받지 못하면 0

우리가 알고 있는 컴퓨터라는 기계는 어떤 입력된 자료를 주어진 명령에 따라 빠른 속도로 처리하여 결과를 출력하는 전자적 자료 처리 장치입니다.[10] 즉 일종의 계산하는 장치인 컴퓨터의 세계에서는 앞서 말한 것처럼 오직 0과 1만 존재합니다. 예컨대 컴퓨터는 신호를 입력받으면 1, 신호를 입력받지 않으면 0으로 인식하고 정보를 처리하는 식이죠. 이처럼 0과 1로 이루어진 수 체계를 가리켜 '이진법'이라고 합니다.

그런데 이진법과 십진법 체계는 너무 다르다 보니 서로를 이해하

10. 이창옥 · 한상근 · 엄상일, 《세상 모든 비밀을 푸는 수학》, 사이언스북스, 2017. 24쪽 참조

기가 어렵습니다. 쉽게 비유하면 서로 전혀 다른 언어를 사용하는 외국인, 아니 외계인과 지구인 사이의 간격만큼이나 다르다고 할 수 있죠. 우리에게 친숙한 십진법은 컴퓨터 입장에서는 뜻 모를 외국어나 마찬가지입니다. 그래서 사람이 사용하는 언어 체계를 컴퓨터가 이해할 수 있게 바꾸는 언어가 필요한 거죠. 그것이 바로 프로그래밍 언어입니다. 여러분도 분명 어디선가 들어본 적이 있을 C, C+ 같은 것들이지요.

그런데 하루가 다르게 변화하는 사회에서 과학기술의 발전 또한 급속하게 이루어지면서 컴퓨터와 인간 사이의 언어장벽을 해결하려는 노력이 계속 이루어지고 있습니다. 그 중심에는 4차산업혁명과 함께 주목받고 있는 인공지능이 존재합니다. 여러분에게는 바둑기사인 이세돌과 세기의 대국을 펼친 '알파고'가 가장 먼저 떠오를지도 모르겠군요. 하지만 인공지능은 바둑대국 같은 특수한 이벤트에만 활용되는 것이 아니라, 이미 우리 삶 깊숙이 파고들고 있습니다. 2019년 우리 정부에서도 AI시대 미래비전과 전략을 담은 'AI 국가전략'을 수립하며 AI교육을 확대하고 있죠.

인공지능과 관련하여 머신러닝, 딥러닝, 인공신경망 같은 용어를 들어보았을 것입니다. 인공신경망은 과거의 일반적 프로그래밍과 달리 사람의 신경망을 모방하여 컴퓨터가 이해할 수 있는 수와 식으로 만들어내는 것입니다. 네, 우리의 뇌에 있는 바로 그 뉴런입니다. 이 뉴런을 모방하여 컴퓨터에게도 인공신경을 만든 것을 가리켜 퍼셉트론(perceptron)이라고 합니다.

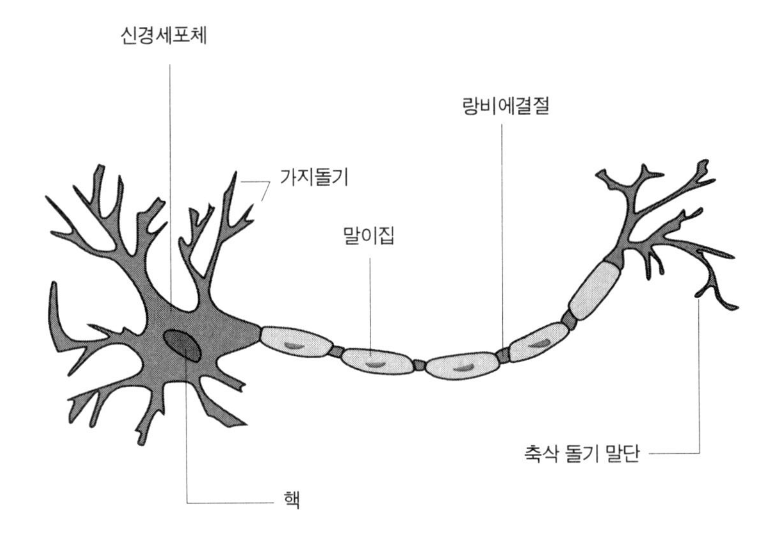

인간의 뉴런 구조
우리 인간의 뇌에 존재하는 신경단위인 뉴런에서 전기적 신호를 받아 특정 방향으로 이동하는 것을 '전도'라고 하는데, 전도가 일어나기 위해서는 일정한 값 이상의 자극이 필요하다. 마찬가지로 인공지능 신경에서 일정한 값 이상이면 정보를 전달하는 데 (수학의 활성화) 함수가 활용된다.

여러분도 알다시피 우리의 뇌에는 뉴런이라는 신경단위가 존재합니다. 이 뉴런에서 감지한 전기적 신호를 '흥분'이라고 하며, 이 흥분이 특정 방향으로 이동하는 것을 흥분의 '전도'라고 하죠. 이때 전도는 하나의 뉴런에서 진행되는 것으로 일정한 값 이상이어야만 전도할 수 있습니다. 이를 수학적으로 표현하면 전도가 일어날 때를 1, 전도가 일어나지 않을 때는 0이 되는 거죠. 이와 유사하게 컴퓨터의 인공신경도 활성화 함수를 이용하여 정보를 전달하기도, 반대로 정보를 전달하지 않기도 하는 것입니다.

√ 구글이 글로벌기업으로 도약한 발판은?

IT업계를 선도하는 손꼽히는 글로벌기업 중 하나인 구글의 성장 비밀도 실은 '수학'에서 찾을 수 있습니다. 구글이 창업했던 1998년부터 인터넷이 본격적으로 사용되면서 사람들에게 인터넷은 다양한 정보가 저장된 사이버 공간으로 주목받았죠. 하지만 정작 수많은 정보들 안에서 자신에게 꼭 필요한 정보를 걸러내 찾아주는 검색 서비스의 수준은 못내 아쉬웠습니다.

맛집을 검색하면 딱 원하는 지역의 맛집 리스트가 주르륵 나오는 요즘 시대를 살아가는 여러분은 잘 이해되지 않겠지만, 과거의 검색 서비스는 지금처럼 원하는 것을 정확하고 빠르게 보여주지 못했죠. 즉 지금과 같이 불필요한 정보들을 척척 걸러주지 못해 효율성이 한참 떨어지다 보니 원하는 것과 관련성이 전혀 없는 뜬금없는 검색 결과도 종종 제시되기도 했습니다. 또한 연관성이 적은 뜬금없는 검색 결과들이 여러 페이지에 걸쳐서 나오기 때문에 검색을 통해 원하는 결과를 열람하기 위해서는 이것들을 하나하나 번거롭게 확인해야 하는 점도 불편했죠.

바로 이러한 점에 착안하여 구글을 창업한 래리 페이지(larry page)와 세르게이 브린(sergey Brin)은 인터넷 페이지를 분류하며, 페이지 순위를 부여하였으며, 이를 바탕으로 웹서핑 중 우연히 이 페이지를 열어볼 확률을 계산하는 알고리즘을 고안한 것입니다. 저를 포함한 대다수의 사람들은 인터넷이 보급되던 당시 불편해도 어쩔 수 없다고 생각하며 인터넷을 활용하려고만 했지, 불편함을 개선하기 위한 서비스를 개발해야겠다는 생각까지는 미처 하지 못했습니다. 일일이 종이 문서를 뒤져봐야만 했던 과거와 비교하면 놀라운 발전이니 이 정도의 불편쯤은 충분히 감수해야 한다고 생각했는지도 모릅니다. 어쩌면 그러한 편리는 공상과학소설에나 나올 법한 일이라고 생각했을지도 모릅니다. 그래서 그들의 혁신적 노력은 지금까지도 높이 평가를 받고 있습니다. 구글 창업자 세르게이 브린은 이런 말을 했다고 하는군요.

> "누군가에게 우리가 하는 일들이 공상과학소설처럼 여겨지지 않는다면, 우리가 하는 일들은 충분히 혁신적이지 않다는 뜻이다."
>
> If what we are doing is not seen by some people as science fiction, it's probably not transformative enough.

결국 수학이 그들의 상상력을 현실로 만들어주는 데 크게 기여한 셈이죠.

세월이 흐르고 흘러 새로운 차원의 기술적 도약이 이루어졌고, 요즘 대세는 '인공지능'입니다. 그런데 인공지능에 대한 개발 또한 그때와 비슷한 양상을 보입니다. 지금은 인공지능과 관련된 대중 서비스들이 출시되고 있는 초기 단계이다 보니, 그저 놀라운 한편으로 불편하고 개선해야 할 점들도 수두룩합니다. 어쩌면 20년 후

쯤 지금의 구글처럼 인공지능 분야에서 선도적인 글로벌기업으로 키워낼 수 있는 잠재력을 가진 리더가 여러분 중에서도 탄생할 수 있습니다. 다수의 사람들이 미처 생각하지 못한 혁신적 시각으로 접근하면서 말이죠. 아울러 인공지능의 기본이 되는 수학도 열심히 공부해야겠죠? 왜냐하면 수학은 여러분이 막연하게 상상만 하고 있는 것들을 실현시키는 날개가 되어줄 테니까요.

자유로운 상상력

$8 \div 2(2+2)$의 답은 무엇일까요?

여러분 잠시 이 이야기의 제목에 주목해주세요~! 얼핏 초등학교 산수 문제 같습니다. 어쩌면 이미 모바일로 한 번쯤은 본 적이 있는 퀴즈일지도 모르겠군요.

√ 정답 논란이 불거진 단순한 산수 문제의 정체

날짜마저 선명하게 기억나는 2019년 8월 8일, 평소 호기심이 많고, 수학에 대한 관심도 높았던 한 학생이 조심스럽게 교무실로 찾아와 질문했습니다.

"쌤, 이거 정답이 뭐예요?"

문제를 보니 왠지 출제자의 숨은 의도가 보이는 것 같아서 우선 질문을 한 학생에게 이 문제의 출처를 물어보았습니다. 그 학생은 이 문제가 얼마 전, 인터넷에 정답이 1인지 아니면 16인지를 놓고 뜨겁게 논쟁이 되었다면서 60%가 '1', 40%가 '16'이 정답이라고 맞서고 있다고 했습니다. 그러면서 수학 교사인 저에게 정답이 뭐라고 생각하는지 물어본 거죠. 인터넷에서 이런 것들이 논쟁이 될수록 학생과 학부모들의 수학 교육에 대한 관심 또한 자연스럽게 높아진다는 사실에 기뻐하며 다음과 같이 설명해주었습니다.

수의 사칙연산(+, −, ×, ÷)을 생각할 때는 규칙이 있는 거 알고 있죠? 같은 수와 같지 않은 수를 구분하여 수들의 관계를 생각해야 해요. 예를 들어 덧셈(+)은 같은 수와 다른 수를 나누어 생각해야 해요. 다른 수는 직접 더하고.

예) 1+2+3=6

같은 수는 (+) → (×) 바꾸어 계산할 수 있어요. 예) 2+2+2=2×3

뺄셈은 덧셈과 연계되어서 3−2=3+(−2)로 생각할 수 있어요. 나눗셈은 곱셈으로 생각하여 $4\div2=4\times\frac{1}{2}=2$로 생각할 수 있구요. 수의 사칙연산(+ − × ÷)은 '덧셈(+)이 뿌리'라고 생각하면 한층 접근하기가 편할 거예요.

또한 초등학생이 배우는 사칙연산에는 아주 엄격한 법칙(원칙)이 있어요. 덧셈, 뺄셈, 곱셈, 나눗셈이 혼합된 식은 다음과 같은 순서로 계산하죠.

① 거듭제곱을 계산해요. ② ( ) ➡ { } ➡ [ ]의 순서로 계산해요.

③ 곱셈, 나눗셈을 계산해요. ④ 덧셈과 뺄셈을 계산해요.

그런데 이 문제에서 출제자는 중괄호를 빼고 선한 논란을 유도한 거예요.

1) $8 \div 2(2+2) = \frac{8}{2(2+2)} = 1$

2) 대부분의 언어는 왼쪽에서 시작하여 오른쪽으로 읽어가며 해석하고, 학창시절 $2a$는 $2 \times a$라고 곱하기 기호가 생략되었다고 배웠기 때문에 $8 \div 2(2+2) = 8 \div 2 \times (2+2) = 16$

이처럼 생각하기에 따라 다른 답이 나올 수 있는 거예요.

이 문제에 대해서 인터넷상에 정답 논란이 뜨겁게 일어나며 유튜버들[11]도 가세했습니다.

"둘 다 답이 될 수 있다."

이렇게 주장하면서 '1'도 '16'도 답이 될 수 있다고 했습니다. 흥미로운 점은 유튜브에 달린 댓글들입니다. 해외 네티즌들 중 프랑스, 폴란드는 16이라고 댓글을 달았습니다. 문화권에 따라서도 다른 답

11. https://www.youtube.com/watch?v=7WKID3xWRLQ

#수학은_#정답이_하나뿐이라는_#편견을_버려!_ #나는_#관대하다

이 나온 거죠. 또 컴퓨터 계산기로 계산해도 16이라고 합니다. 이제 수학은 정답이 하나라는 생각이 바뀌었나요?

사실 우리가 당연하게 생각하는 '1+1=2'도 진리라고 할 순 없습니다. 예컨대 이진법에서 1+1은 '10'이죠. 혹은 찰흙처럼 찰기가 있는 것끼리 더하여 뭉친다면 '1+1=1'도 가능합니다. 우리는 이미 알고 있습니다. '1+1=2'라는 것은 자연수 범위에서 계산한 결과로 한정된다는 것을요. 수학에서 진리가 바뀐 사례는 또 있습니다. 삼각형의 세 내각의 합은 180도로 철석같이 믿었지만, 구면 기하학이 발전하면서 삼각형의 세 내각의 합이 180도가 아님이 밝혀졌습니다. 여기서 "수학의 본질은 자유에 있다"고 했던 칸토어(Georg Cantor, 1845~1918)의 주장을 떠올리게 됩니다.

어떤가요? 오직 하나의 정답과 풀이 과정이 한정된 꽉 막히고 융통성 없는 학문이라며 수학을 오해하는 사람들이 생각보다 많습니다. 하지만 수학은 이렇듯 조건에 따라서 다양한 답이 존재합니다. 또한 수학이 발전할수록 기존 이론의 설명과 모순되는 답이 나올 수도 있습니다. 이런 새로운 이론, 수학의 발전은 정답이 하나라는 고정관념에서 벗어나 다른 답이 나올 수 있다는 자유로운 상상력을 발휘하는 데서 시작되는 것입니다. 여러분도 자유로운 상상력을 바탕으로 수학의 발전에 기여하기를 바랍니다. 물론 슬프게도 시험에서 요구하는 답은 여전히 하나뿐일 거예요. 다만 문제를 잘 읽어보면 정답이 하나만 나오도록 조건이 명확할 테니 문제를 풀기 전에 조건들을 좀 더 주의 깊게 살펴봐야 할 것입니다.

함수

인간에게 엄청난 **예지력을 안겨주다!**

여러분은 '함수'에 대해 어떻게 생각하나요? 왠지 벌써 그래프와 함께 복잡한 문제풀이 수식이 떠오르며 머릿속에서 쥐가 나고, 골이 '지끈지끈' 아프다고 생각할지도 모르겠군요.

√ 미래가 궁금하다면 함수에게 물어봐!

만약 세상에 함수가 없다면 세상의 많은 것이 훨씬 불투명하고 답답한 안갯속에 가려졌을지도 모릅니다. 이게 대체 무슨 말이냐고요? 이야기 하나를 먼저 소개할까 합니다. 대통령이 서울의 한 중학교에 일일 학생으로 방문했을 때였습니다. 수업시간에 수학 교사가 대통령에게 이렇게 질문했죠.

"혹시 대통령님은 미래에 대해서 궁금하신 게 있으십니까?"

"네, 지금 제일 현안인 미래의 부동산에 대해서…"

그날 서울 중구 창덕여자중학교에 방문한 대통령은 '그린 스마트 스쿨'의 모델로 꼽히는 이곳에서 일일 학생으로서 수학 수업에 참여했죠. 마침 수업 내용은 도형 학습용 소프트웨어 알지오매스(AlgeoMath)를 활용한 '함수 익히기'였습니다. 수학 교사는 "함수를 통해 미래를 예측할 수 있다"라는 취지로 대통령께 궁금한 것이 있는지 질문을 했고, 이에 대통령은 주저 없이 주요 국정 현안인 "부동산"이라고 대답한 것입니다.[12]

혹시 여러분도 예측하고 싶은 미래가 있나요? 예컨대 '나의 키는 앞으로 얼마나 더 자랄지', '성적은 얼마나 오를지' 혹은 벌써 미래의 집값을 궁금해하고 있나요? 관심사에 따라 다소 차이는 있겠지만, 우리는 각자 미래를 궁금해합니다. 미래의 성적, 미래의 진학할 학교, 미래에 만나게 될 연인이나 배우자, 미래의 나의 직업 등등 수없이 열거할 수 있을 것입니다. 그런데 이처럼 미래를 예측하고 싶을 때 '함수'가 우리의 예지력에 큰 힘을 실어줄 수 있습니다. 최근에는 인공지능에게 미래를 예측하도록 프로그래밍하는데, 인공지능이 미래를 예측할 때도 바로 함수를 활용하죠.

12. 허세민, 〈'문재인 학생'이 알고싶은 함수관계는?…"부동산이요"〉, 《서울경제》, 2020.8.18. https://www.sedaily.com/NewsView/1Z6MMOPOQ3 https://www.sedaily.com/NewsView/1Z6MMOPOQ3

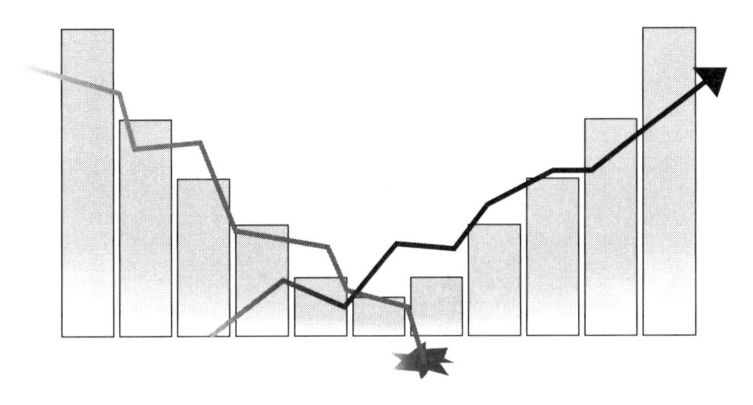

함수와 예측
함수를 통해 우리는 변화의 추이를 예측할 수 있다. 인공지능의 미래 예측 또한 함수를 기반으로 하고 있는 것이다.

√ 다양한 변수들을 고려한 미래 예측, 알수록 쓸모 있는 수학

인공지능이 집값을 예측할 때에도 함수를 만듭니다. 집값을 결정하는 요인은 집의 크기, 지하철 역으로부터 거리, 방의 개수, 주변 편의시설 등등 너무나 많죠. 인공지능은 다양한 요인들, 즉 변수들을 바탕으로 집값을 예측합니다. 이때 활용되는 함수는 **다변수함수**입니다. 다변수함수란 여러 가지 변수(요인)가 존재하는 함수를 말합니다.

인공지능을 처음 공부하면 접하게 되는 '보스턴 집값 예측 데이터'는 보스턴 지역의 506가구의 집값, 집의 크기, 지하철역으로부터 거리, 방의 개수 등을 조사한 것입니다. 실제 인공지능은 변수가

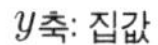

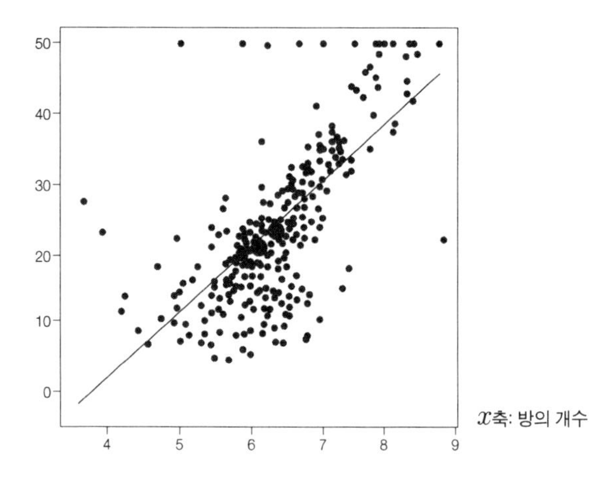

보스턴 집값 예측 데이터
보스턴 지역 506가구의 방의 개수에 따른 집값을 예측하는 간단한 일차함수를 만들었다.

여러 개인 다변수 함수를 이용하여 집값을 예측하지만, 인공지능을 처음 접하는 친구들도 쉽게 이해할 수 있도록 일단 변수가 하나인 함수를 이용하여 설명해보겠습니다. 방의 개수에 따른 집 값을 예측하기 위하여 방의 개수를 x, 집의 가격을 y로 하여 506개의 보스톤 집값의 데이터를 그래프로 표현하면 위의 그림과 같습니다.

그래프 속 무수히 많은 점들은 집의 데이터를 표현합니다. 인공지능은 이 데이터를 바탕으로 학습하여 예측 모델을 얻습니다. 여기서 모델은 간단하게 직선으로 도출되었습니다. 이 그래프가 바로 방의 개수(x축)와 집 가격(y축)의 관계를 함수로 표현한 것입니다. 수학 시간에 지겹게 보아온 수식기호가 떠오르나요?

$y=f(x)$

사실 이것을 우리 인간의 말처럼 풀이하면 이런 뜻입니다.

"x값에 따른 y값이 어느 정도인지 맞춰 봐!"

그래서 방의 개수를 함수에 대입하면 그 집의 가격을 예측할 수 있습니다. 이와 같은 방식으로 원하는 요소들로 이루어진 함수를 만들면 미래를 예측하는 데 사용할 수 있는 거죠.

앞선 여러 가지 이야기들에서 살펴본 것처럼 수학은 우리의 생각보다 우리의 생활과 훨씬 더 밀접하게 관련된 꼭 필요한 학문입니다. 수학의 탄생 기원부터가 우리 인간의 '쓸모'에 기반하고 있으니까요. 여러분이 수학은 그저 교과서에 이론적으로 존재하며, 오직 시험을 위해 공부할 뿐이고, 앞으로 사회에 나가면 학창시절에 배운 수학 내용은 아무런 쓸모가 없을 거라는 생각만큼은 이제 하지 않았으면 좋겠습니다. 우리가 살면서 우연히 수학과 마주치거나 또는 수학이 꼭 필요한 순간과 번번하게 마주하게 될 테니까요. 그래도 아직은 수학이 불편하다고요? 그럼 앞으로 이어지는 내용에서 수학에 관한 좀 더 재미있는, 그리고 쓸모 있는 이야기들을 함께 살펴봅시다.

수학의 언어로 만들어가는 흥미진진한 세상!

앞선 이야기들을 통해서 수학에 관해 쌓인 다양한 오해와 편견이 조금이나마 깨졌다면 좋겠습니다. 그리고 여러분이 수학을 좀 더 편안하게 바라볼 수 있게 되었다면 좋겠습니다. 물론 몇 마디 이야기로 수학의 무궁무진한 매력을 다 담아내기는 어렵습니다. 하지만 "시작이 반"이라는 말도 있듯이, 우선 수학에 대한 낡은 편견과 오해를 조금 버릴 수만 있어도 이미 절반의 성공을 거둔 셈입니다. 그래서 이 책의 마지막 장에서는 여러분이 좀 더 수학의 언어를 통해 세상을 흥미진진하게 바라볼 수 있기를 바라는 마음으로 현재 수학이 세상 곳곳에서 어떻게 활용되고 있으며, 어떤 진가를 발휘하고 있는지에 관해 이야기해보려고 합니다. 여기에서 다룬 이야기들 중에서 좀 더 관심이 가는 주제가 생기고, 이것과 관련된 수학 주제를 좀 더 깊이 탐구해볼 기회로 이어진다면 더 많은 학생이 수학을 즐길 수 있기를 바라는 마음을 가진 수학 교사로서 더할 나위 없는 기쁨일 것입니다.

CHAPTER
04
수학의
쓸모

움직임

수학자들이 <토이 스토리> 제작에 동원된 이유는?

여러분은 혹시 '혁신' 하면 떠오르는 인물이 있나요? 지금은 고인이 되었지만, 스티브 잡스는 여전히 21세기를 대표하는 혁신의 아이콘으로 꼽힙니다.

√ 확대하면 깨지는 이미지, 해결 방법은?

스티브 잡스는 살아생전 늘 남이 생각하지 못한 독창적인 아이디어로 새로운 트렌드를 이끌어냈죠. 특히 '아이폰'의 등장과 함께 전화와 컴퓨터, 멀티미디어 등이 하나로 통합된 '스마트폰' 시대가 본격화되면서 과거와 전혀 다른 세상으로 나아갈 수 있게 되었죠. 워낙 아이폰의 영향력이 핵폭탄처럼 막강하다 보니 다소 간과되는 측면

이 있지만, 사실 스티브 잡스는 아이폰을 만들기 전 애니메이션계에서도 혁신을 일으킨 인물입니다.

그가 애니메이션계에 일으킨 혁신에 대해 알아보기 전에 먼저 아래 그림들을 한번 살펴볼까요? 아래 이미지들은 초점이 안 맞은 듯 흐릿하고, 경계가 희미하며 깨져 있습니다.

과거에는 컴퓨터의 이미지 원본을 확대하면 해상도가 급격히 떨어져서 곡선이 마치 계단처럼 자글자글하게 보였습니다. 말하자면 아래 제시한 그림들처럼 말이죠. 원본을 확대하면 할수록 해상도가 크게 떨어지기 때문에 문제를 해결하기 위해서는 확대를 원하는 사이즈로 그림을 새로 그리는 것뿐이었죠. 그래서 전통적인 방법으로

확대해서 외곽선이 희미하게 깨진 이미지 예시
스티브 잡스는 확대했을 때 이미지 해상도가 급격히 떨어지는 문제를 해결하기 위해 수학자들을 동원하였다.

애니메이션을 제작할 때는 같은 캐릭터라도 필요한 크기에 따라 하나씩 모두 새로 그려야 했습니다. 하지만 여러분도 애니메이션을 봐서 잘 알겠지만, 영화 속에서 표현되는 그림들의 종류는 엄청나게 많습니다. 그런데 같은 캐릭터를 사이즈별로 모두 새로 그리는 것은 매우 비효율적일 수밖에 없죠. 일단 시간도 많이 걸릴 뿐만 아니라, 똑같이 그려낼 수 있는 숙련된 사람도 많이 필요합니다. 그런데 바로 이 문제를 해결한 것이 스티브 잡스입니다. 바로 수학자들을 통해서 말이죠.

√ 해결의 실마리가 된 '미분'

스티브 잡스는 〈픽사〉라는 애니메이션 스튜디오를 인수하면서 많은 수학자들을 채용했습니다. 픽사에 고용된 수학자들은 매번 그림을 새로 그려야 하는 전통적인 그래픽 기법 대신에 '수학'을 활용했습니다. 수학자들은 이미지를 작게 나눈 후 각각을 수와 수학기호로 변환했죠. 그리고 미분을 이용합니다. 미분(微分)은 문자 그대로 '잘게 나눈다'는 뜻인데, 어떤 운동 또는 함수의 순간순간 움직임을 계산하는 방법입니다. 미래를 예측하기 위해서 아주아주 작은 부분들로 나누어서 변화의 정도를 파악하는 거죠. 이 점에 착안하여 수학자들은 그림을 확대할 때 변화하는 새로운 그림을 미분으로 예측하여 자글자글한 계단 모양 없이 원본 그대로 매끄러운 그림을 만

#미션_#잘게잘게_나누어_#움직임을_#파악하라!_#문제해결의_핵심은_#미분

들어낼 수 있었던 것입니다. 수학자들의 이러한 해결책 덕분에 그동안 수많은 그림을 그려내는 데 소요되는 엄청난 시간과 비용을 대폭 줄일 수 있었죠. 그뿐만이 아닙니다. 한층 현실감 넘치는 생생하고 섬세한 표현으로 가히 실사(實寫)를 위협할 만큼 애니메이션의 질적 수준을 크게 끌어올릴 수 있었습니다. 그리고 픽사는 〈토이스토리〉, 〈니모를 찾아서〉 등 수준 높은 애니메이션들을 계속해서 제작하며 전 세계에서 공전의 흥행을 기록합니다.

그리고 2006년에 디즈니는 당시 74억 달러라는 천문학적 금액으로 픽사를 인수하였습니다. 그리고 디즈니는 픽사의 컴퓨터그래픽(CG) 기술력을 애니메이션 제작뿐만 아니라 영화를 만들 때도 적극적으로 활용하고 있습니다.

또 스탠퍼드대학교 컴퓨터공학과의 론 페드큐 교수는 기체, 물 등 유체의 운동을 분석한 **나비에-스토크스 방정식**을 컴퓨터그래픽에 적용했습니다. 그 결과 컴퓨터그래픽을 통해 영화 《캐리비안의 해적-망자의 함》에서 마치 스크린을 뚫고 금방이라도 엄청난 물폭탄이 쏟아져 내릴 것처럼 실감나는 거대한 파도를 만들어낼 수 있었던 것입니다.

그 밖에도 남녀노소를 불문하고 '렛잇고' 열풍을 일으킨 《겨울왕국》 속 섬세한 눈의 움직임이라든가, 실제 머리카락인 것처럼 섬세하게 찰랑이는 엘사의 머릿결, 높은 곳에서 눈송이가 살포시 떨어지는 모습들 또한 모두 이 '나비에-스토크스 방정식'을 활용하여 만들어진 결과물들입니다. 즉 이 모든 것들이 함수로 예측한 덕분에

얻어낸 결과물이라는 뜻이죠.

만약 수학이 없었다면 이런 명장면들을 만나기까지 훨씬 더 오랜 시간이 걸려야 했을지도 모릅니다. 어쩌면 아직까지도 수많은 사람들이 달라붙어 일일이 필요한 그림들을 한 장 한 장 그리고 있어야 할지도 모르는 일이죠.

미분

세상 모든 변화의 중심에는 '미분'이 존재한다!

앞서 우리는 애니메이션 제작과 관련하여 실사를 방불케 하는 섬세한 움직임들을 표현하는 데 있어 수학의 미분이 활용된 점에 대해 살펴보았습니다. 많은 학생들이 공감하겠지만, 사실 미분과 적분은 우리나라에서 수많은 수포자들을 양산하는 데 가히 일등공신입니다.

문제집 속에 등장하는 수많은 공식 앞에서 많은 학생들이 한없이 약해집니다. 미·적분은 수많은 학생들을 가로막으며, 그들을 절규하고 주저앉게 만드는 '통곡의 벽'이나 다름없죠. 물론 책 속의 이야기만으로 미분을 완벽하게 이해할 순 없을 것입니다. 하지만 최소한 미분의 메커니즘을 이해함으로써 외계어처럼 느껴져 온 공식들에 대해 약간의 힌트를 제공하고 싶은 마음에 이야기를 좀 더 이어가볼까 합니다.

√ 스케이트 대회 우승자는 누구?

먼저 아래 제시한 그림을 함께 살펴볼까요? 이 그림은 스케이트 경기의 모습입니다. 네 명의 선수는 출발 신호와 함께 동시에 출발했고, 아래 그림은 20초 후 네 선수의 위치를 나타낸 것입니다.

그림 속 1, 2, 3, 4번 스케이트 선수 중 누가 목표 지점에 가장 빠르게 도달해서 우승할까요? 우승자를 예측하는 것 또한 변화의 결과를 예상하는 것이기 때문에 당연히 함수와 깊은 관련이 있습니다. 단순히 지금 그림만 보면 현재 결승선에 제일 가까이 있는 4번 선수의 우승이 유력해 보입니다.

이들이 출발신호와 함께 동시에 출발했고, 20초 후 네 선수의 위치를 알 수 있으니 우리는 각 선수의 시간에 따른 이동 거리인 평

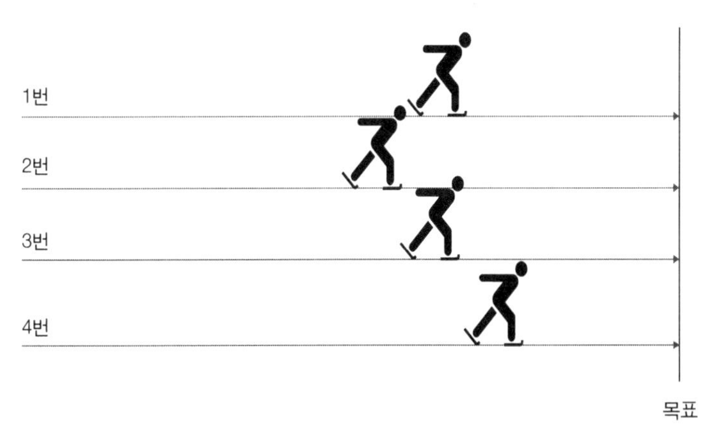

우승자는 누구일까?
현재의 그림만 봐서는 결승점에 가장 가까운 4번의 우승 가능성이 높다고 할 수 있을 것이다.

균 속도를 구할 수 있습니다. 다시 말해 각 선수의 평균적인 변화를 알 수 있죠. 그렇다면 평균 변화율을 통해서 우승자를 예측하면 목표지점에 가장 가까운 4번 선수가 됩니다. 그런데 정말 4번 선수의 우승이 가장 유력할까요? 글쎄요. 꼭 그렇지 않을 수도 있죠. 왜냐하면 4번 선수가 마지막에 속도를 내지 못해서 다른 선수들에게 역전을 당할 수도 있으니까요. 또 2번 선수는 현재 목표지점에서 가장 멀리 떨어져 있지만, 막판 스퍼트를 내서 역전 드라마의 주인공이 될 수도 있습니다. 하지만 평균 변화율만으로는 이와 같은 변수를 고려할 방법이 없습니다. 그렇기 때문에 단순히 평균 변화율만 가지고는 우승자에 대한 정확한 예측이 불가능하죠. 예측을 한다고 해도 도박에 가까운 막연한 추측에 불과합니다.

√ 다양한 변수를 고려했을 때, 누가 좀 더 우승에 가까운가?

우리는 수학을 통해 예측률을 한층 더 높일 수 있습니다. 다만 정확한 예측을 위해서는 추가 데이터가 필요하죠. 즉 과거의 일정 시점에서 어떤 위치였는지에 관한 데이터들이 필요합니다.

예컨대 각 선수별로 5초, 10초, 15초일 때 각각의 위치와 그리고 현재 선수들의 위치인 20초일 때의 위치가 다음 그림(135쪽 참조)과 같다고 가정해봅시다.

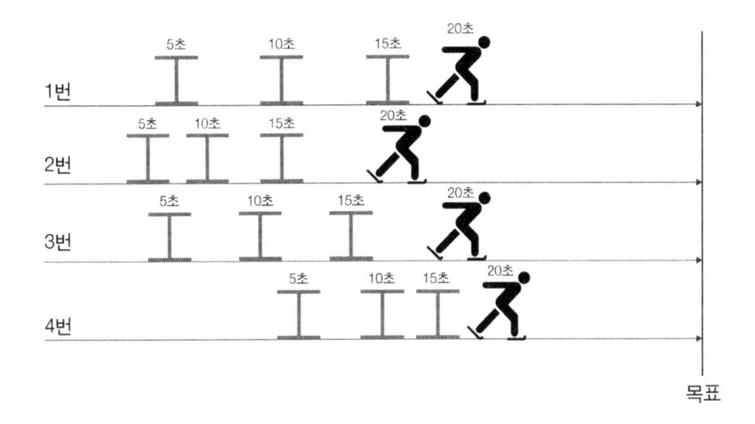

시간에 따른 움직임으로 유추해볼 때 우승이 유력한 사람은?
현재의 거리에 이르기까지 과거 시간당 움직임을 살펴본 결과, 우승이 유력해 보였던 4번의 속도가 점차 떨어지고 있음을 알 수 있다.

그림을 보면 2번 선수는 비록 5초, 10초에서는 다른 선수들에 비해 뒤처져 있었지만, 점점 가속이 붙어서 속도가 빨라지고 있음을 알 수 있죠. 반대로 4번 선수는 초반에는 빠르게 이동했지만, 점점 속도가 늦어지고 있습니다. 이처럼 일정 시간에 선수들의 위치를 분석하면 미래 결과를 훨씬 더 정확하게 예측할 수 있죠. 한편 1번 선수는 꾸준함을 유지하다가 15초와 20초 사이에는 거의 이동하지 못했습니다. 이처럼 단 5초의 시간 간격도 미래를 예측하기에는 부정확할 수 있죠. 그래서 시간의 간격을 점점 더 '잘게' 줄여갈수록, 즉 미분하면 훨씬 더 정확하게 미래를 예측할 수 있죠.

1초…0.1초…0.01초… 0.001초…

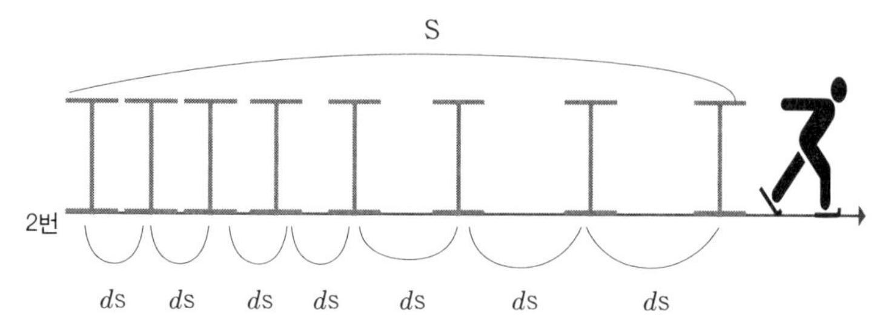

거리와 시간으로 살펴본 미분의 원리
현재까지 이동해온 거리를 시간당 잘게 잘게 나누면 앞으로 남은 거리를 이동하는 데 걸리는 시간을 예측할 수 있다.

이처럼 거의 찰나에 해당하는 아주 짧은 시간 동안 이동한 거리의 변화가 얼마인지 파악하는 것입니다. 이처럼 순간적인 변화를 순간 변화율이라고 합니다. 그리고 이 순간 변화율을 알면 바로 다음 순간을 예측할 수 있죠. 이 변화들이 모여서 미래가 결정되는 것입니다. 바로 이 순간 변화와 관계된 것이 미분이고, 순간 변화율을 미분계수라고 합니다.

자, 그림으로 다시 돌아와 봅시다. 2번 선수의 시간당 이동한 거리를 좀 더 짧은 시간으로 나눠서 분석해볼까요? 2번 선수가 이동한 전체 거리를 S라고 하고, 찰나의 시간 동안 달라진 위치 변화를 ds라고 합니다. 2번 선수는 ds의 길이가 점점 길어집니다. 즉 시간이 지날수록 순간 변화율이 크기 때문에 더 빠르게 이동하고 있으며, 앞으로도 더 빠르게 이동할 거라고 추측할 수 있죠. 그래서 순간 변화율을 적용하면 결승점에 가장 먼저 도착할 선수는 현재까지 가장 앞서 있는 4번이 아니라 2번이라고 예측할 수 있습니다.

√ 잘게 나누어 예측하는 미래

쉽게 말하면 이것이 미분의 개념입니다. 즉 이동 거리인 s를 미분한다는 것은 순간적인 이동 거리의 변화인 ds를 구한다는 의미인 거죠. 어때요? 미분의 기본개념이 조금은 이해가 되나요? 이와 같이 우리는 함수를 통해서 미래를 예측할 수 있습니다. 다만 예측하고자 하는 값이 사례처럼 스케이트 선수들의 이동 거리가 될 수도 있고, 때로는 가격의 변화가 될 수도 있는 식으로 예측 필요에 따라 달라질 뿐이죠. 이처럼 함수의 그래프는 미래의 경향성을 시각적으로 드러내기에 매우 편리하고 좋은 도구입니다.

그래프의 변화를 파악할 때도 미분이 쓰입니다. 아래와 같은 그래프가 있다고 생각해봅시다. 앞서 설명한 것처럼 아주 작은 순간으로 미세하게 나눈 후 변화를 분석할 수 있습니다. 즉 미세한 단위로 나눠서 살펴보면서 앞으로 그래프가 올라갈지 내려갈지 파악

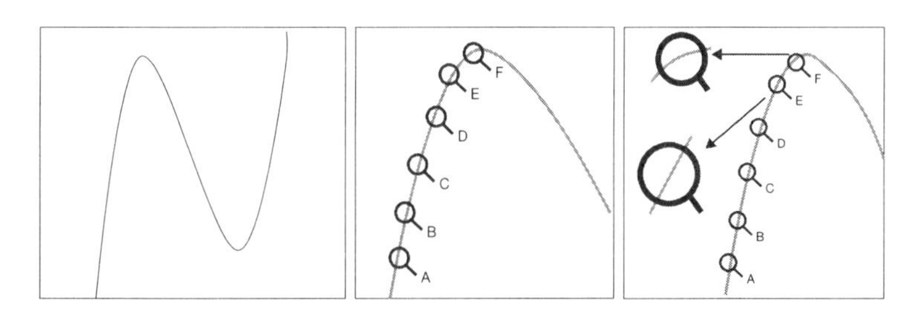

미분의 기하학적 의미

곡선으로 이루어진 그래프의 어느 미세한 구간을 돋보기나 현미경으로 확대해서 들여다볼 수 있다면? 그래프의 모습이 언제 하향하게 될 것인지 예측할 수 있다.

하는 것입니다. 왼쪽의 그래프 전체를 보는 것이 아니라 가운데처럼 각 구간을 마치 돋보기나 현미경을 들이대서, 급기야 세 번째 그림처럼 한 구간만 크게 확대해서 보는 거죠. 아주 작은 구간만을 볼 수 있는 돋보기를 오른쪽 그림과 같이 갖다 대는 것입니다. 그러면 돋보기를 통해서 아주 작은 구간의 변화를 파악할 수 있을 것입니다. 돋보기 안에서는 그래프의 전체적인 모습이 아니라 일부의 모습들을 들여다볼 수 있죠. 하지만 우리는 이를 통해서 그 다음 구간의 그래프를 예측할 수 있습니다. 예를 들어 F 돋보기를 확대해보면 E 돋보기와 비교하여 점점 상승 각도가 완만해지는 모습을 보입니다. 또한 E 돋보기도 D 돋보기에 투영된 모습에 비하면 완만하죠. 그러면 F 이후 상승세가 둔화될 것을 예상할 수 있는 한편, 어느 순간 더 이상은 올라가지 않을 거라고 예측할 수 있죠.

만약 성능이 훨씬 좋은 돋보기로 곡선을 더 확대해서 볼 수 있다면 곡선은 마치 직선처럼 보이겠죠. 곡선을 아주 미세하게 작은 구간들로 계속 나눈다면 결국 짧은 직선이 되니까요. 그리고 그 직선의 기울기에 따라서 전체적인 그래프의 모양이 결정되는 거죠. 바로 이것을 고등학교 수학에서 미분계수의 기하적인 의미라고 합니다.

앞에서 함수는 변화를 예측하기 위해서 사용된다고 이야기했습니다. 미분은 바로 함수 그래프의 변화를 파악하는 데 사용되는 것입니다. 즉 미분은 우리가 변화의 결과를 좀 더 정확하게 예측하는 데 꼭 필요한 중요한 방법입니다.

일기예보

미분방정식으로 예측하는 **내일의 날씨**

불확실성으로 가득한 현대사회를 살아가는 우리에게 미래를 예측하고 잘 대비하는 능력은 점점 더 중요해지고 있습니다. 사실 우리는 매일 미래를 예측한 다양한 정보에 꽤 의지하면서 살고 있죠. 대표적인 예가 일기예보입니다. 아침 뉴스에서 일기예보를 확인하고 우산을 가지고 갈지 말지 결정하거나, 좀 더 두꺼운 옷을 꺼내 입을지 가볍게 입고 나갈지 결정하죠.

√ 미분방정식부터 인공지능의 머신러닝에 이르기까지

그러면 기상청은 어떻게 날씨를 예측하는 걸까요? '슈퍼컴퓨터'라고 말하는 사람도 있을지 모르겠습니다. 전혀 틀린 말은 아니지만,

좀 더 정확하게 말하면 슈퍼컴퓨터를 이용해 다양한 변수들을 계산하고, 이 값을 통해 예측하는 거죠. 사실 날씨를 결정하는 요인은 너무나 많고, 또 서로 복잡하게 얽히고설켜 있습니다. 예컨대 온도, 습도, 바람, 해류, 지형 등등 너무나 많은 요인이 있죠. 기상청은 내일 날씨를 결정할 몇 가지 변수를 선정합니다. 그리고 그 변수를 바탕으로 함수를 만들죠. 앞에서 우리는 이미 함수의 역할이 예측이라는 것에 관해 살펴보았습니다. MIT에서 기상학을 연구하던 에드워드 로렌츠(Edward Lorenz)는 1963년에 〈deterministic nonperiodic flow〉라는 논문에서 날씨를 대기의 흐름 3개 변수를 가진 다음과 같은 '미분방정식'으로 표현하여 예측했습니다.

$$\frac{dx}{dt} = -\sigma x + \sigma y$$
$$\frac{dy}{dt} = -xz + \gamma x - y$$
$$\frac{dz}{dt} = xy - bz$$

미분방정식이라고 하면 방정식 안에 미분이 존재하는 것입니다. 미분이란 작은 단위로 나누는 것이었죠? 그래서 x, y, z의 변화를 알 수 있습니다. 즉 x, y, z를 시간에 따라 아주 작은 단위로 나눠서 각각의 변화하는 양을 예측하는 것입니다.

로렌츠의 논문 이후 지금까지 일기예보에는 나비에-스토크스 방정식, 열 방정식, 부시네스크 방정식 등이 사용되고 있습니다. 우리가 앞에서 스케이트 경주의 예시를 통해 알아본 것처럼 미래를 예측하기 위해서는 과거의 데이터가 활용됩니다. 과거의 데이터를 매우 작은 단위로 나눔으로써 그 변화 결과를 토대로 미래를 예측하는 거죠. 하지만 최근 들어 안 그래도 복잡한 기후 예측 과정에 어려움이 추가되었습니다. 왜냐하면 과거에 존재하지 않았던 요소들, 예컨대 환경오염과 지구 온난화 등으로 인한 이상기후 현상이 많이 일어나고 있기 때문이죠. 우리나라의 경우 2020년에 역대급 폭우와 함께 최장기간 장마가 지루하게 이어졌습니다. 이와 같은 이상 기후현상은 과거의 데이터를 바탕으로 만든 모델만으로는 예측을 하기가 더더욱 힘들 수밖에 없습니다. 또 매년 새로운 변수들이 계속 등장하면서, 이것들이 날씨 변화에 이런저런 영향을 미칠 테니 어려움은 한층 더 가중됩니다.[1]

새롭게 추가된 변수들까지 고려하기 위해서 최근에는 인공지능, 특히 '머신러닝'을 이용하여 날씨를 예측합니다. 즉 인공지능이 누적된 과거 데이터와 지금의 데이터를 비교하여 그 차이를 분석하고 새로운 모델을 만들어냄으로써 날씨를 예측하는 거죠. 이러한 엄청난 과학적 노력에도 불구하고, 때론 엉뚱한 일기예보가 나오기도 합니다. 그럴 때마다 우리는 이렇게 투덜거립니다.

"뭐야, 일기예보 또 틀렸어!"

"갑자기 웬 비!? 쳇, 일기예보가 그럼 그렇지…"

1. 이창옥 · 한상근 · 엄상일, 《세상 모든 비밀을 푸는 수학》, 사이언스북스, 2017, 73쪽 참조

하지만 마냥 기상청을 탓할 순 없습니다. 왜냐하면 자연현상은 아주 작은 변수에 의해서도 전혀 생각하지 못한 큰 변화로 이어질 수도 있는 오묘한 메커니즘을 갖고 있기 때문이죠. 그만큼 정확하게 예측하기가 어렵다는 뜻입니다.

√ 나비의 날갯짓이 과연 허리케인을 일으킬 수 있을까?

미국의 기상학자 로렌츠(Edward Norton Lorenz, 1917~2008)는 날씨 변화 모델을 연구하던 중 카오스 현상을 발견했습니다. 로렌츠는 컴퓨터를 이용하여 간단한 날씨 변화 모델을 만들었는데, 수학적으로 말하자면 날씨를 예측하는 함수를 만든 거죠. 즉 어떤 초기 조건의 값을 그 함수에 대입하여 그 조건에 따른 날씨를 예측하는 함수였습니다. 이때 초기조건은 현실 세계의 데이터를 입력해야 하죠. 그런데 현실 세계의 데이터는 우리가 수학책이나 문제풀이집에서 보는 것과 달리 정수로 딱 떨어지지 않고, 소수점 아래로 매우 복잡하게 이어집니다. 예를 들면 152.345234…처럼요. 로렌츠는 처음에는 현실 세계의 데이터를 그대로 입력하여 날씨 변화를 예측하였지만, 초기조건에 소수점 자릿수가 많을수록 함숫값을 계산하는 데 시간이 너무 오래 걸렸습니다. 그래서 그는 소수점 아래 적당한 단위에서 반올림하고 초기조건을 수정하여 입력해보았죠. 예를 들어 현실 데이터가 152.345234라면 152.345만 입력한 것입니다. 로렌츠 생각에 이 정도 수치 차이라면 무시해도 될 만큼 작은 양이니 예측 결과에 큰 차이는 없을 거라고 본 거죠. 하지만 예상과 달리 불과 0.000234의 오차가 날씨 변화함수에 의해서 큰 차이로 나타난 것입니다. 특히 내일 날씨가 아닌 주간 날씨, 월간 날씨 등을 예보할 때는 그 오차가 훨씬 더 크게 나타났죠. 작은 차이가 매우 복잡하고 예측 불가능한 패턴을 만들어내는 카오스 작용을 보여준 것입니다. 바로 이것이 '나비의 날갯짓이 태풍을 일으킬 수 있다'는 나비 효과의 속뜻입니다[2]. 수학으로 생각하면 함수의 특성에 따라서 그 결과값의 차이가 크게 나타날 수도 있습니다. 예컨대 $f(x)$=1억× x라면… x의 소수점 차이에 의해서도 결과는 당연히 크게 달라질 수 있으니까요.

2. 롭 이스터웨이 · 제레미 윈덤, 《왜 월요일은 빨리 돌아오는 걸까?》(이충호 옮김), 한승, 2005 139-140쪽 참조

적분

세상 모든 더하기의 **종착점을 바라보다!**

적분은 미분과 함께 수많은 수포자들을 통곡의 늪에 빠트리는 쌍두마차입니다. 앞장에서 우리는 미분의 개념은 매우 작은 구간으로 나누어서 변화를 파악할 때 활용할 수 있음을 알게 되었습니다. 앞서 예로 들었던 스케이트 경기 예시에서 2번 선수가 이동한 거리 s를 미분한다는 것은 곧 시간의 간격을 아주 짧게 쪼개서 이동한 거리 s를 미세하게 나눈다는 뜻입니다. 미세하게 나눈 것을 표현하는 기호를 'd'라고 씁니다. 여기서 d는 미분을 나타내는 영어 'differential'의 앞글자입니다. 즉 순간적인 이동 거리의 변화를 ds로 표현할 수 있죠. 이동한 거리 s를 미세하게 나누면 무수히 많은 ds들이 생길 것입니다. 그리고 이 ds들을 모두 더하면 다시 s가 되겠죠. 우리가 수학 시간에 배운 '인테그랄'이라는 적분 기호는 쉽게 말해 모두 더한다는 뜻을 담고 있습니다.

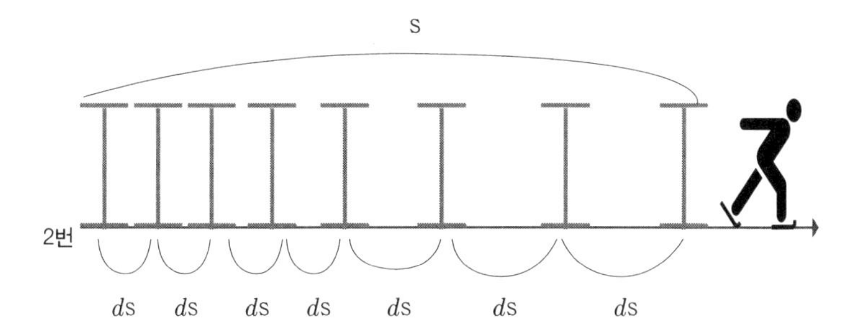

전체 거리는 순간 이동거리의 합
무수히 나눈 시간당 이동한 거리들을 합하면 결국 총 이동거리가 된다. 적분은 각각의 부분들을 모두 다 더하는 개념이다.

√ 모두 다 더하시오

영어로 'summation'이란 단어는 모든 것을 하나로 합친 총체를 의미합니다. 오늘날 사용하는 미적분 기호를 창시한 수학자 라이프니츠는 적분의 기호($\int$)에 총체를 뜻하는 영어단어 'summation'의 제일 앞글자인 '에스(S)'를 길게 늘여서 적은 것입니다.[3] S를 엿가락처럼 길게 늘여 쓴 이 기호의 이름을 우리는 '인테그랄'이라고 부릅니다. 즉 $\int ds$이라고 적은 기호의 의미는 곧 "ds들을 모두 더하시오!"라는 뜻입니다. 그리고 바로 이것이 적분의 핵심입니다. 적분의 실체가 왠지 너무 싱겁나요?

3. 스티븐 스트로가츠, 《X의 즐거움》(이충호 옮김), 웅진씽크빅, 2017, 178쪽 참조

아무튼 방금 예로 들었던 스케이터의 순간적인 이동 거리(ds)를 모두 더하면 현재까지의 이동 거리(s)를 구할 수 있습니다. 앞서 설명한 미분이 잘게 구분하여 일련의 변화를 관찰하는 데 쓰인다면, 적분은 잘게 구분한 것들을 모두 다시 더하는 것입니다. 그렇게 모두 다 더하여 전체를 파악하는 거죠.

√ 불룩한 오크통의 부피를 구하여라!

독일의 천문학자로 행성의 운동에 관한 법칙을 발표한 케플러(Johannes Kepler, 1571~1630)도 적분을 잘 활용했습니다. 그런데 케플러는 본업인 연구뿐만 아니라 실생활 속에서도 이 방법을 종종 활용했다고 알려져 있습니다. 유명한 일화가 바로 포도주 통의 부피 구하기입니다. 케플러는 자신의 두 번째 결혼식에 초대한 하객들을 위해 포도주를 몇 통이나 준비해야 하며, 포도주 오크통 하나의 부피는 얼마일지가 궁금하여 이를 구하는 방법을 계산해본 것이라고 합니다. 수학 문제풀이 하나도 질색하는 사람이 많은데, 얼핏 이해가 가지 않겠지만, 케플러는 호기심을 해소하기 위한 계산이 퍽 재미있었던 모양입니다.

여러분도 잘 알다시피 포도주를 담는 오크통의 모양은 중간에 배가 불룩하게 휘어져 있기 때문에 폭이 일정한 원기둥과 달리 부피를 구하기가 쉽지 않았습니다. 그래서 케플러는 포도주의 통의 높

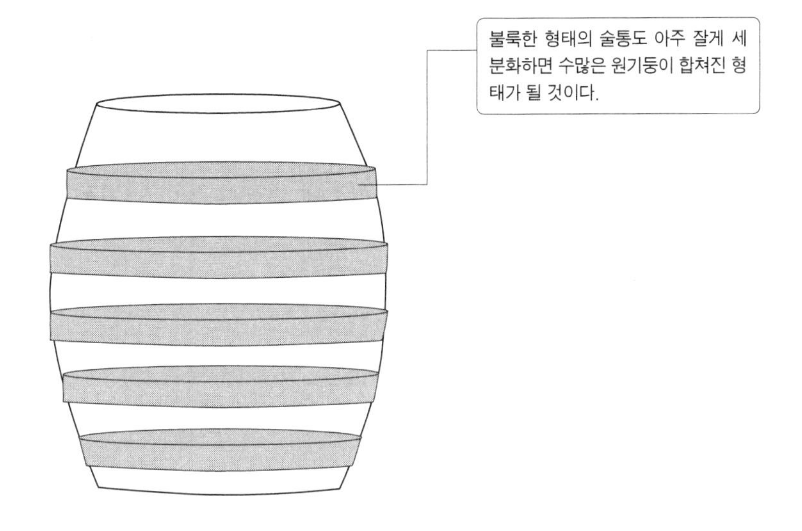

미션, 술통의 부피를 구하라!
가장자리가 불룩하게 솟은 술통의 부피를 구하는 데도 적분의 원리를 활용할 수 있다.

이를 잘게 잘게 나누었죠. 이것은 이미 앞장에서 이야기한 미분의 개념입니다. 아까도 설명했지만, 배가 불룩해 곡선으로 보이는 포도주 통은 미세한 수준으로 잘게 나누게 되면 원기둥처럼 생각할 수 있게 되죠. 그리고 포도주 통을 잘게 나누어서 생기는 무수히 많은 원기둥들의 부피 값을 합치면 결국 포도주 통의 부피가 되겠죠. 원기둥의 부피는 쉽게 구할 수 있었기 때문에 이들을 모두 합함으로써 불룩한 포도주 통의 부피를 구했던 것입니다.

캐플러는 포도주 통의 부피를 구한 것에 만족하지 않고, 무려 93종류의 다양한 입체도형의 부피를 구했습니다. 바로 이러한 방법이 지금의 적분과 매우 유사합니다. 훗날 카발리에리(Cavalieri, F. B.

1598~1647)는 케플러의 저서를 이해하고 나아가 타원의 넓이와 회전체의 부피를 쉽게 구할 수 있는 카발리에리 원리로 발전시켰죠. 이것은 근대의 '구분구적법'과 비슷하며, 훗날 뉴턴이나 라이프니츠의 미적분학으로 꽃피우기 전에 이뤄낸 점에서 높이 평가를 받고 있습니다.

√ 무엇이 벌거벗은 아르키메데스를 달리게 했나?

바로 앞 내용 끝에서 잠깐 소개했던 '카발리에리 원리'에 관해 좀 더 살펴볼까요? 카발리에리는 계산기술, 원뿔곡선, 삼각법 등에 정통한 이탈리아의 수학자입니다. 특히 그는 1635년 《불가분량(不可分量)의 기하학》 7권에서 넓이를 구할 때도 미분과 적분의 개념을 이용했습니다.[4] 평면도형을 가로 평행선으로 아주 잘게 나누면 무수히 많은 작은 조각들이 생길 것입니다. 원래 평면 도형의 넓이를 S라 하면, 앞에서 배운대로 잘게 나누어진 조각들의 넓이는 dS로 표현할 수 있죠. 그리고 이 dS들을 합하면 전체 넓이 S가 될 것입니다. 더 잘게 나누면 작은 조각들은 하나의 선으로 생각할 수 있습니다. 따라서 작은 조각의 넓이 dS는 선분의 길이와 동일하다고 생각할 수 있

4. 박선용, 2011, 〈카발리레이 원리의 생성과정의 특성에 대한 고찰〉, 〈한국수학사학회지〉, 26:2, 17-30.

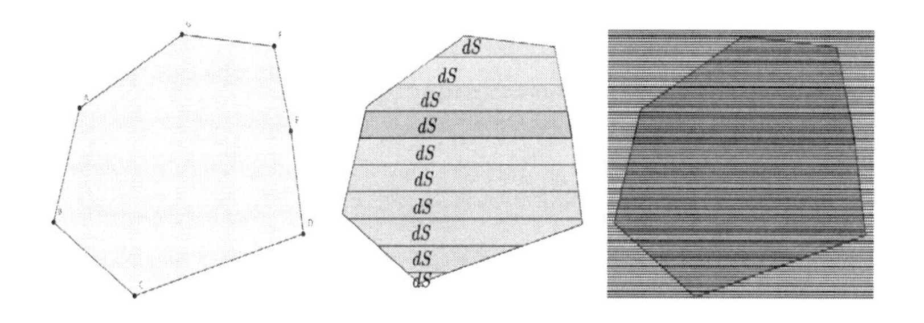

작은 조각의 넓이 dS= 선분의 길이
평면 도형을 가로로 잘게 나누면 작은 한 조각의 넓이는 결국 선분의 길이와 동일하다.

습니다. 따라서 가로 선분의 길이 dS들을 모두 합하면 평면 도형의 넓이 S가 되는 것이에요.

그런데 이렇게 세세하게 잘라서 넓이를 구한다고 생각하면 다음의 그림(150쪽 참조)과 같이 서로 전혀 다른 모양을 가진 두 도형의 넓이도 얼마든지 비교할 수 있습니다. 각각의 도형을 미세하게 잘라 선분의 길이를 비교하는 것으로 단순화시키면 되니까요. 그림을 보면 하나의 가로 평행선에 의해 잘리는 선분의 길이, 즉 dS는 각 가로 평행선 내에서는 똑같다는 것을 알 수 있습니다. 이처럼 두 평면도형이 평행선들에 의해서 잘리는 각각의 선분의 길이(dS)가 서로 동일하다면 결국 두 도형의 넓이가 같다고 간주할 수 있는 거죠. 이것이 바로 카발리에리 원리입니다.

즉 제시한 두 평면도형들도 모양은 서로 전혀 다르지만, 각각을 작은 구간으로 나누어서 비교하면 길이가 똑같기 때문에 두 평면도형의 넓이는 같다는 것을 알 수 있습니다. 같은 방법으로 카발리에

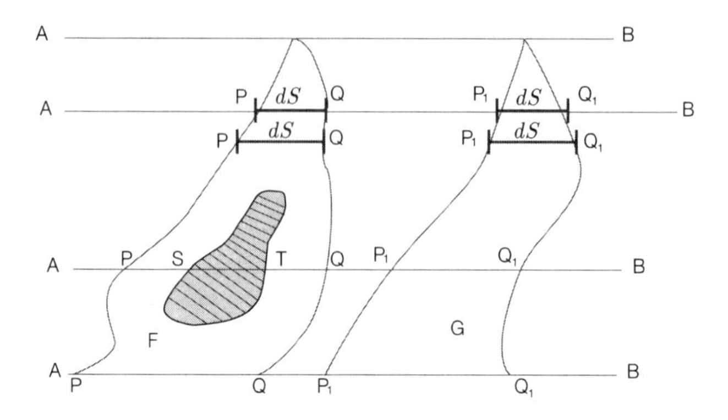

서로 다른 형태의 도형의 넓이 비교
얼핏 보기에 서로 다른 넓이로 보이는 도형이지만, 평행선에 의해 잘리는 선분의 길이가 모두 동일하기 때문에 결국 같은 넓이로 볼 수 있다.

리는 두 입체도형의 부피에 대해서도 정리했죠. 이 원리는 포도주 통의 부피를 구한 케플러의 아이디어와 비슷합니다. 이들의 연구는 17세기 미적분학 형성에 실로 지대한 영향을 미쳤습니다. 그런데 이들보다도 좀 더 앞선 선구자가 있습니다. 바로 "유레카!"로 유명한 아르키메데스(Archimedes, BC287?~212)입니다. 케플러나 카발리에리의 원리는 사실 아르키메데스의 발견과 아이디어가 매우 비슷하다고 볼 수 있습니다.

아르키메데스는 왕의 부탁을 받고 완성된 왕관이 순수한 금으로 이루어졌는지, 아니면 다른 불순물이 섞여 있는 건 아닌지 조사해야 했습니다. 그냥 겉으로 보기에는 순금으로 만들어진 왕관인지 다른 불순물이 포함되어 있는지 전혀 알 수 없었죠. 순수한 금과 왕관의 무게를 비교해보면 알 수 있지 않을까요? 하지만 불순물이 포함되어 있어도 순수한 금과 무게는 같을 수 있었기 때문에 아르키메데스는 깊은 고민에 빠졌습니다. 아르키메데스는 같은 부피에 무게가 다른 물질의 고유한 성질을 이용하겠다고 생각했지만, 이미 제조된 왕관의 무게는 쉽게 측정할 수 있어도, 딱 떨어지는 직사각형이나 정육면체가 아닌 복잡한 형태의 왕관 부피를 측정하기란 쉽지 않았으니까요. 그런데 목욕하기 위해서 욕조에 들어갔을 때, 몸의 부피 때문에 흘러넘친 물의 양을 보고 원리를 깨달은 기쁨에 '유레카'를 외치며 거리를 활보했다고 합니다.

왕관과 같은 무게의 순금을 물에 넣고 넘치는 물의 양(부피)과 왕관을 물에 넣고 넘치는 물의 양(부피)을 비교하여 물의 양이 서로 같으면 순금이고, 아니면 불순물이 섞여 있다는 것을 증명할 수 있게 되었기 때문이죠. 모양이 서로 다른 입체도형의 부피를 비교할 수 있는 방법을 떠올린 것입니다. 즉 '빠져나가는 물의 부피=순금의 부피=왕관의 부피'라는 생각을 해낸 것입니다. 이는 곧 카발리에리 원리를 입체도형에 확장한 것입니다. 입체도형의 부피는 입체도형을 가로로 잘게 나누면 생기는 하나의 판의 넓이들의 합과 동일합니다. 따라서 아르키메데스는 모양이 전혀 다른 물의 부피=순금의 부피=왕관의 부피가 동일하다는 생각을 할 수 있었던 것이죠.

아르키메데스의 발견은 일상 속 무심히 지나치기 쉬운 현상을 놓치지 않고 이를 위대한 발견으로 연결시킨 대표적인 사례로 자주 회자됩니다. 아르키메데스뿐만 아니라 역사적으로 위대한 발견의 많은 부분이 이렇듯 일상의 사소하고 흔한 순간을 놓치지 않은 데서 비롯된 경우가 종종 있습니다. 여러분도 주변의 친숙한 사물이나 현상을 한 번씩 다른 시각으로 바라보면 어떨까요? 어쩌면 여러분도 세상을 바꿀 만한 위대한 발견의 주인공이 될지 모릅니다.

√ 경계선이 삐뚤빼뚤한 우리 동네의 넓이는?

복잡한 도형의 넓이에 관한 이야기를 좀 더 이어가 볼까요? 제시한 그림은 서울 마포구 아현동의 지도입니다. 보다시피 경계가 삐뚤빼뚤합니다. 그런데 이처럼 경계선이 삐뚤빼뚤한 우리 동네의 넓이

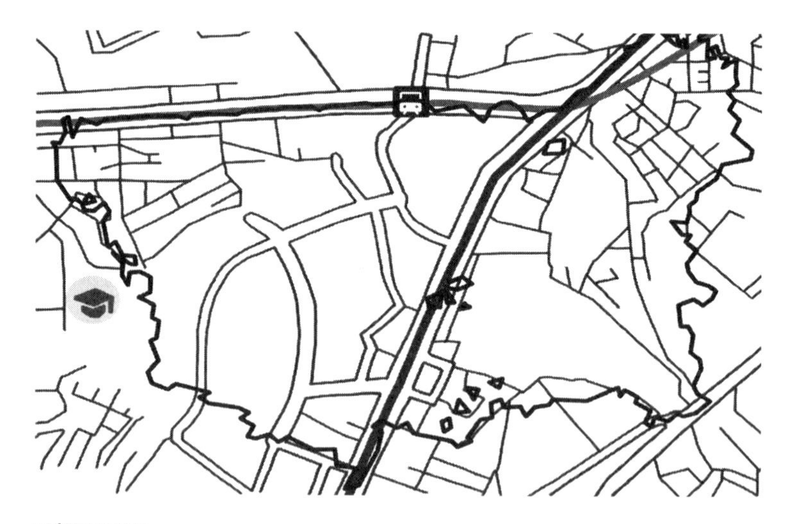

아현동의 경계

지도를 살펴보면 알 수 있지만, 경계선이 매끄럽게 구획되어 있지 않다. 외곽선이 삐뚤빼뚤한 도형의 넓이를 구할 때 적분이 사용된다.

는 어떻게 구할까요? 학교에서 배운 넓이를 구하는 방법은 아마 삼각형, 사각형 등의 넓이를 구하는 공식 정도일 거예요. 하지만 이런 삐뚤빼뚤한 도형을 구하는 공식은 안 배웠다고 넓이를 구할 수 없는 건 아니죠. 앞에서 우리는 이미 새로운 도형의 넓이를 구할 때 잘게 나누어 구할 수 있다는 개념을 깨달았으니까요.

그럼 우리 한번 개념을 실전에 적용해 봅시다. 앞에서 우리는 아주 세세하게 나눠 것이 미분의 개념이라는 것을 알았죠. 그리고 제 아무리 삐뚤빼뚤한 곡선도 세세하게 나누면 결국 직선이 된다는 것도요. 따라서 세세하게 나누면 삐뚤빼뚤한 우리 동네의 경계선도

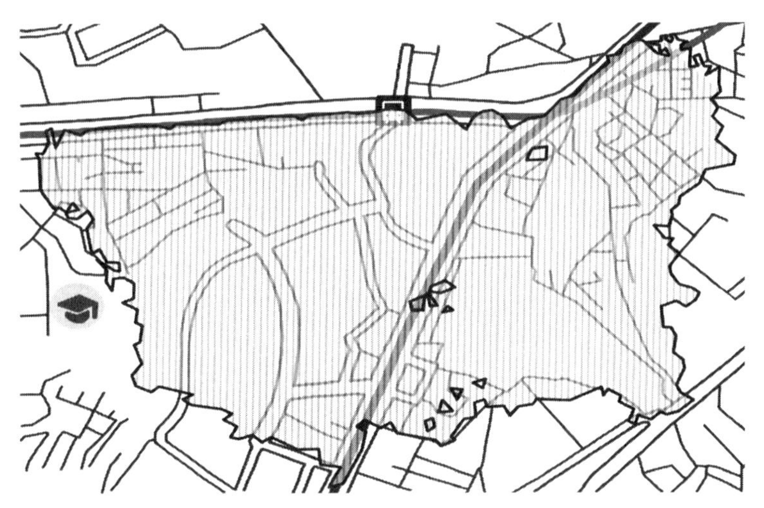

잘게 분할한 아현동

지도의 외곽선은 삐뚤빼뚤하지만, 그림처럼 아주 잘게 세분하면 각각은 아주 가는 직사각형 나눌 수 있다. 그리고 이 작은 직사각형들의 넓이 합은 결국 아현동 전체의 넓이가 될 것이다.

각각 짧은 직선처럼 간주할 수 있습니다. 그러면 우리는 직선과 직선으로 이루어진 도형인 직사각형의 넓이는 이미 어떻게 구하는지 잘 알고 있죠. 이렇게 나뉜 작디작은 직사각형들의 넓이를 모두 합하여 우리 동네의 넓이를 구할 수 있습니다. 즉 잘게 나눈 것들을 모두 다 합치는 적분의 개념을 활용하면 되니까요.

재미삼아 풀어봅시다!

항상 폭이 일정한 도로가 있다. 다음 도로들의 넓이를 구해보세요.

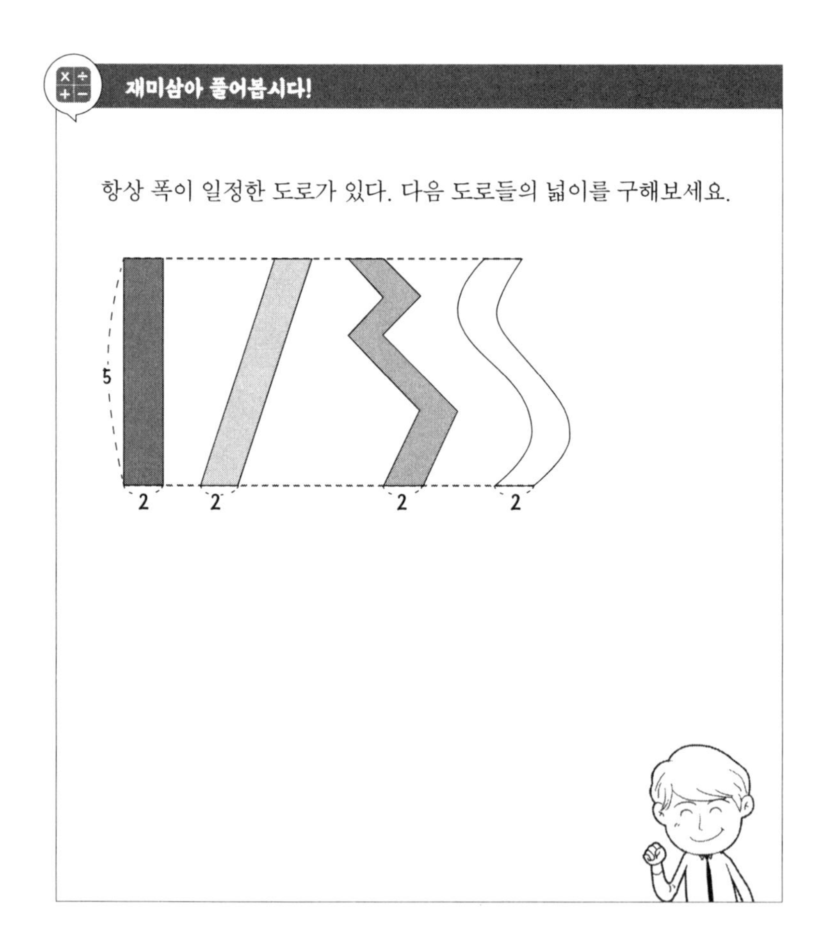

컴퓨터
단층촬영

수학은 속속들이 **들여다볼 수 있지!**

수학을 교과서와 시험에만 한정하여 바라보면 여러분에게 수학은 어려운데 따분하고 지루하기까지 한 애물단지로 남을 수밖에 없을 것입니다. 하지만 시야를 넓혀 우리가 살아가는 세상과 연결시키면 정말 생각하지 못한 곳곳에서 조용히 활약하고 있는 수학의 쿨하고 매력적인 모습을 발견할 수 있죠. 우리가 아플 때 찾아가는 병원에서도 수학의 역할은 빼놓을 수 없습니다.

√ 음영으로 물체의 정체를 밝히다

넘어지거나 긁혀서 생긴 찰과상이라면 눈으로 상처를 바로 확인할 수 있죠? 피가 흐르거나 피부가 찢어진 부분에 약을 바르면 되니까

비교적 상처를 치료하기가 쉬운 편입니다. 하지만 몸속 어딘가에 아픈 부위가 있으면 어떤 방식으로 확인하고 치료해야 할까요? 눈으로 봐야 하니까 무조건 의사 선생님이 메스로 몸을 가른 다음에 병변을 직접 확인해야 하는 건 아닙니다. 물론 수술이 필요할 때도 있지만, 일단 절개하지 않은 상태로 몸속을 들여다봐야 하죠. 바로 이때 수학이 활용됩니다.

앞서 아르키메데스가 왕관을 녹여서 직육면체로 만들지 않고도 왕관의 부피를 측정했던 것을 기억할 것입니다. 이를 위해 아르키메데스가 과학과 수학 지식을 이용한 것처럼 우리 몸속을 파악하는 데도 수학이 사용됩니다. 먼저 정사영(正射影), 즉 그림자의 개념부터 이해해보기로 하지요. 빛이 그대로 지면에 도달하면 땅은 빛으로 밝게 물듭니다. 하지만 땅에 물체가 있으면 빛은 물체를 투과하지 못하기 때문에 물체가 자리하고 있는 곳은 빛이 그대로 통과한 부분과 달리 아래의 그림처럼 어둡게 그림자가 생깁니다.

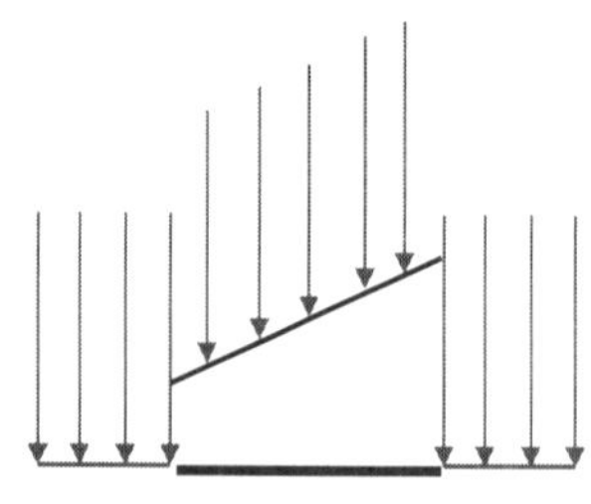

빛과 그림자

빛을 지면을 비출 때, 사물이 가로막으면 가로막힌 공간으로는 빛이 통하지 못하고 그림자를 만들게 된다. 엑스레이 또한 이러한 원리를 이용한 것이다.

우리가 알고 있는 X-ray의 원리도 바로 이 그림자의 원리를 이용한 것입니다. 우리는 뼈가 부러지고, 금이 갔는지 확인을 하기 위해서 X-ray 사진을 찍습니다. 그런데 X-ray의 투과 정도는 몸 내부의 물질의 성분에 따라 다릅니다. 즉 X-ray 는 우리 몸속의 뼈, 살, 장기 등에 흡수되고 나서 남은 X-ray가 필름과 만나는 거죠. 그래서 남은 X-ray가 필름과 만나면 검게, 반대로 X-ray와 만나지 못한 필름은 밝게 표현되는 것입니다. 그리고 투과한 양에 따라서도 검은색부터 회색으로 그리고 밝은색으로 구분되어 나타납니다. 예를 들어 뼈는 X-ray가 투과하지 못하기 때문에 필름은 밝게 표현되고, 이와 달리 폐는 대부분 공기로 구성되어 있어서 X-ray가 거의 그대로 투과하여 필름과 만나 필름은 검게 표현됩니다. 이처럼 몸의 부위마다 X-ray 투과율이 다르며, 그것에 의해서 필름이 검게 표현되는 부분과 밝게 표현되는 부분으로 나뉘죠.

다음의 그림(158쪽 참조)처럼 원의 내부에 모양을 알 수 없는 물체가 있다고 가정해봅시다. 여기에 그림처럼 한쪽에서 X-ray를 쏘면 내부의 물체의 성분에 따라서 투과율이 다르고 반대쪽 필름에서 밝게 혹은 어둡게 표현되는 부분들 또한 다를 것입니다.

이렇게 필름에 나타난 엑스레이 양을 통해 인체 내부 어떤 물질이 있는지를 예측할 수 있는 거죠. 하지만 X-ray는 단면을 한번 찍는 방법입니다. 하나의 방향으로만 찍어서는 정확한 물체의 모양을 알 수 없습니다. 우리가 땅에 비친 그림자만으로 물체의 정확한 정체를 추측하기 어려운 것처럼 말이죠. 그래서 생각해낸 방법이 여

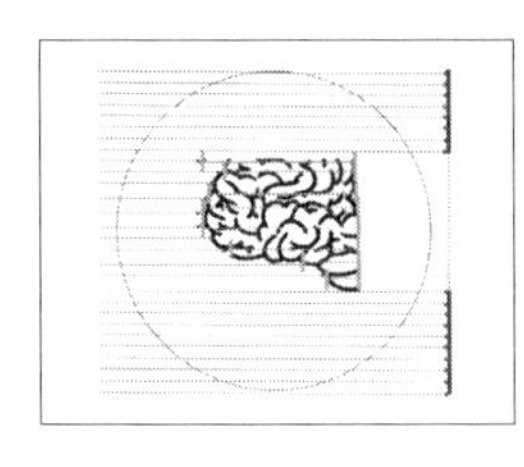

엑스레이가 물체를 투과

엑스레이가 물체를 투과할 때 내부 물체의 성분에 따라 투과율이 다르다.

러 방향으로 X-ray를 쏘고 투과된 X-ray 양을 모두 수집하는 것이었죠. 환자의 몸을 돌면서 찍는 컴퓨터단층촬영, 즉 CT(Computer tomography)가 그것입니다. 다음의 그림처럼 회전하면 여러 각도에서 찍을 수 있기 때문에 찍는 방향마다 X-ray의 투과율이 다르고, 이를 통해 감춰진 형체의 입체적인 모습을 유추할 수 있죠.

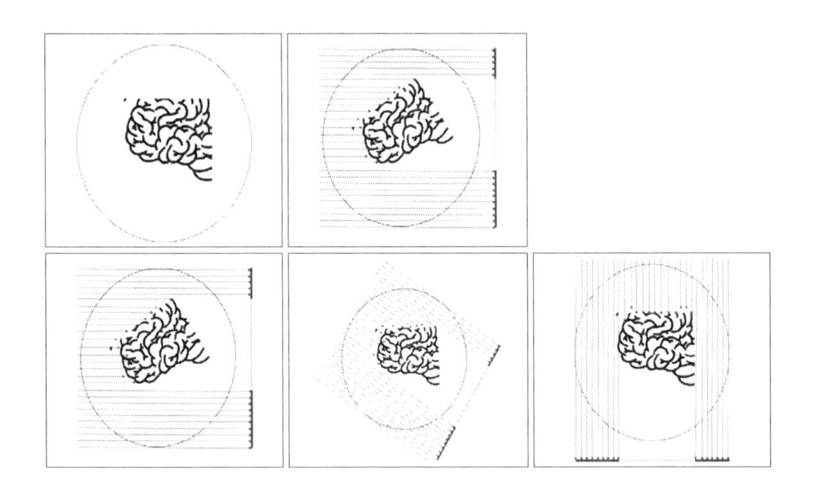

여러 각도에서 엑스레이가 물체를 투과

다양한 각도에서 엑스레이가 물체를 투과할 때 내부 물체의 성분에 따라 투과율이 다르다.[5]

5. 정경훈, 《한번 읽고 평생 써먹는 수학 상식 이야기》, 살림출판사, 2016. 196-200쪽 참조

그림자를 보고 정확히 예측하기
그림자만 보고 원래 물체의 모습을 정확히 예측하는 것은 쉽지 않다. 여러 방향의 그림자가 있어도 마찬가지이다.

CT는 이처럼 X-ray를 여러 방향의 각도로 촬영하고 그 결과를 시각적으로 표현함으로써 물체의 모습을 짐작할 수 있죠. 하지만 이것이 결코 말처럼 쉬운 일은 아닙니다. 여러 방향의 그림자를 보고 원래 물체가 무엇인지를 맞추는 것처럼 말이죠.

바로 이 지점에서 수학이 힘을 발휘합니다. 물체를 통과한 후 얻은 X-ray의 양을 적분하면 X-ray가 온 방향의 물체 길이를 구할 수 있고, 각 방향의 물체의 길이를 시각화하여 다음 그림(160쪽 참조)의 왼쪽처럼 제법 형태가 명확한 사이노그램(sinogram)[6]을 얻을 수 있습니다.

하지만 물체의 길이로부터 입체도형을 예측하기란 쉽지 않습니다. 그래서 또다시 수학을 활용하여 사람이 보기 쉽게 시각화해야 하죠. 즉 사이노그램을 사람이 이해하기 쉬운 입체로 변환하는 과

6. 다양한 각도에서 X-ray를 찍어서 얻은 그래프를 시각화한 것을 말함.

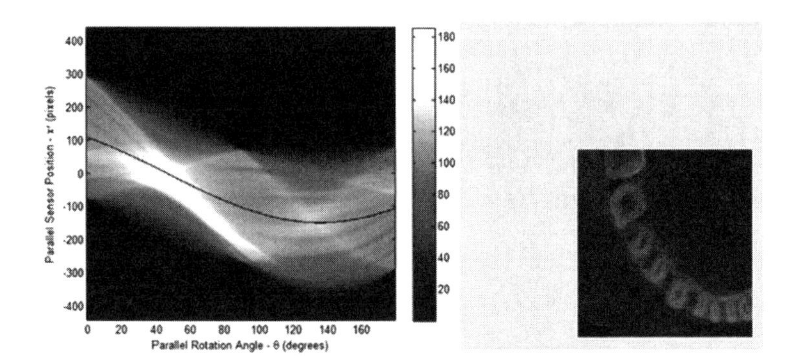

사이노그램과 복원된 영상[7]
왼쪽의 그림은 사이노그램을 나타내며 각도별 물체의 길이를 색으로 표현하였다. 오른쪽 그림은 사이노그램으로부터 복원한 영상으로 치아의 모습임을 알 수 있다.

정이 필요합니다. 전문적으로는 라돈변환과 역변환을 활용하는데, 이 역변환에도 역시 적분이 사용됩니다. 수학을 활용하여 우리는 몸 내부의 모습까지도 들여다볼 수 있게 된 거죠.

√ 지하철 2호선의 둘레, 누구나 구할 수 있어!

아까 외곽선이 삐뚤빼뚤한 동네 넓이를 어떻게 구하는지 이야기했죠? 그렇다면 삐뚤빼뚤한 곡선의 길이는 어떻게 구할까요? 일반적

7. 위키피디아
https://ko.wikipedia.org/wiki/%EC%BB%B4%ED%93%A8%ED%84%B0%EB%8B%A8%EC%B8%B5%EC%B4%AC%EC%98%81

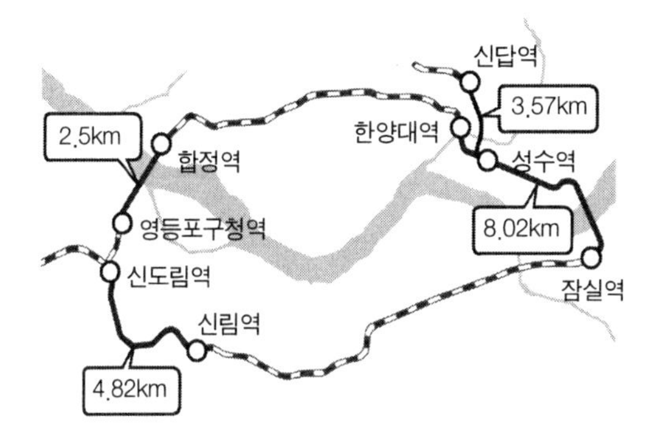

지하철 2호선

순환노선인 지하철 2호선의 실제 형태는 반듯한 모양이 아니라 이와 같이 구불구불한 모습일 것이다.

으로 선분의 길이는 자를 이용해서 측정할 수 있습니다. 그런데 구불구불한 곡선의 길이는 어떻게 구할 수 있을까요? 물론 구부러지는 줄자를 이용할 수도 있지만, 줄자로 다 잴 수 없을 만큼 엄청나게 긴 길이라면 어떻게 구해야 할까요?

여기서 여러분에게 수학적 문제해결과 관련해 꼭 귀띔해주고 싶은 팁이 있습니다. 그건 바로 모르는 것이 나오면 일단 아는 방법으로 먼저 시도해보라는 거죠. 우리는 선분의 길이는 구할 수 있으니 이를 활용해서 문제를 한번 해결해봅시다. 선분의 길이는 자를 이용해서 구할 수도 있지만, 중학생이나, 고등학생이라면 '피타고라스 정리'를 배웠을 거예요. 피타고라스 정리를 요약하면 "직각삼각형에서 두 선분의 길이(a와 b) 제곱의 합은 빗변 길이(c)의 제곱과 같다"는 것입니다.

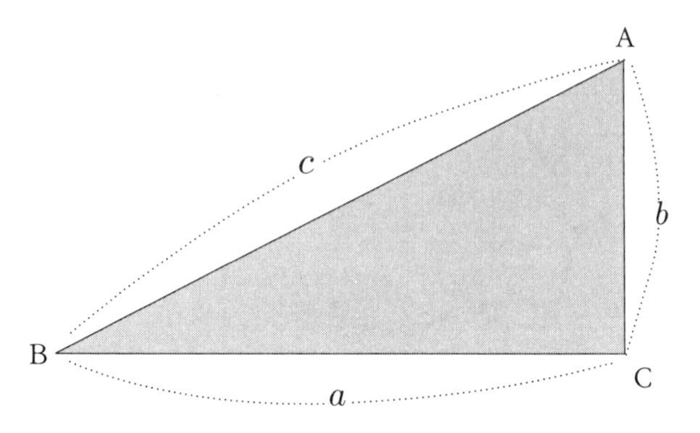

피타고라스의 정리
직각삼각형에서 두 선분의 길이(a와 b) 제곱의 합은 빗변 길이(c)의 제곱과 같다.

피타고라스 정리를 알면 두 점 A, B 사이의 직선거리인 c를 구할 수 있겠죠? 그렇다면 두 점 사이의 꾸불꾸불한 거리는 어떻게 구해야 할까요? 여기서 다시 앞에서 배운 곡선을 아주 작은 단위로 쪼개면 직선이 된다는 기억을 떠올려 봅시다. 긴 곡선 구간을 작은 구간으로 나누고 또 나누면 작은 구간은 곡선이 아니라 직선에 가까워지겠죠. 즉 오른쪽 그림(163쪽 참조)처럼 2호선 노선도를 작은 구간으로 나누면 점점 구간이 작아질수록 직선처럼 보일 거예요.

자, 그럼 이제 간단하죠? 작은 구간의 선분의 길이들을 모두 더하면 전체 곡선의 길이가 되니까요. 이때 피타고라스 정리를 이용하면 얼마든지 ds의 값을 구할 수 있습니다. 물론 오차가 발생할 것입니다. 그래서 각각의 구간을 더욱 작게 잡을수록 그 구간은 곡선이 아니라 직선에 가까울 것이며, 오차값 또한 줄어들게 됩니다.

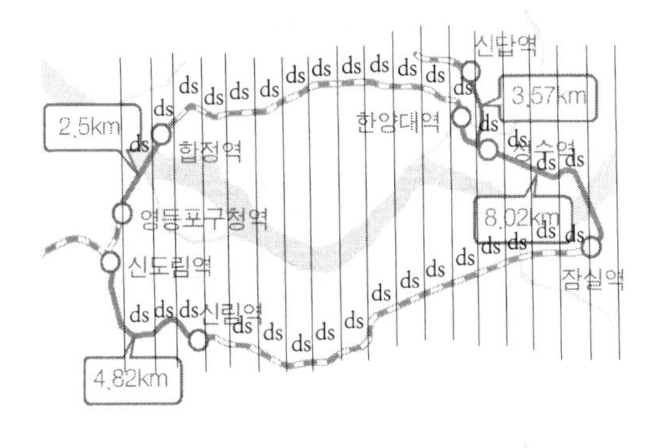

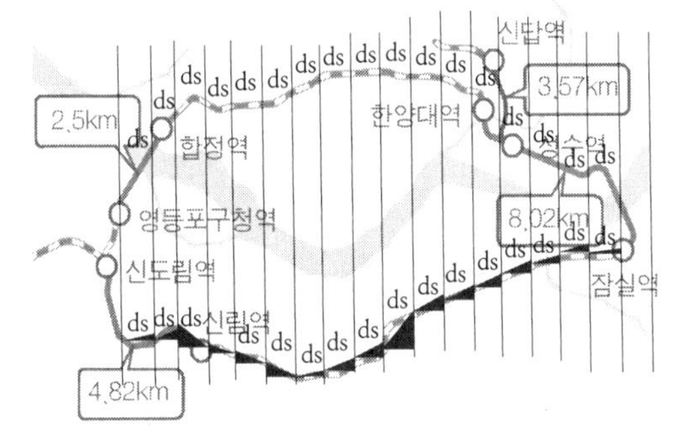

지하철 2호선과 피타고라스의 정리

구불구불한 곡선을 세분하면 작은 직선(ds)구간으로 나뉘고, 피타고라스의 정리를 활용하면 ds의 길이를 구할 수 있다.

수열

규칙을 선점하는 자,
이익을 취한다!

어떤 일련의 규칙에 따라 숫자들이 쭉 나열된 것을 가리켜 수열이라고 합니다. 여러분 중에 이미 수학 시간에 수열을 배웠다면 벌써 잔뜩 인상을 찌푸리는 학생도 분명 있을 거라고 생각합니다.

√ 등비수열의 원리와 옛날이야기

얼핏 보기에는 불규칙하게 나열된 숫자들을 보면서 뭔가 대단한 공식이 숨어 있을 거라고 지레 겁을 먹는 거죠. 하지만 굳이 어려운 공식이 아니라도 규칙성이 보였다면 자신의 방식으로 얼마든지 풀 수 있습니다. 그리고 수열은 우리가 살아가는 세상 곳곳에 숨은 이치를 이해하는 데 큰 도움을 줍니다. 다시 말해 세상을 이해하는 새로운 언어를 깨우친 것이라고 말할 수 있죠. 그래서 이번에는 수열에 관한 이야기를 해볼까 합니다. 어렸을 때 부모님이 읽어주셨던 전래동화 중 기억나는 일화가 있었습니다. 옛날이야기 그대로 전달하면 재미없으니까 요즘 버전으로 각색해보았습니다.

어떤 알바생이 하루도 빠지지 않고 매일 성실하게 열심히 일했는데, 사장님이 한 달이 지나도 이런저런 핑계를 대며 알바비를 주지 않고 미루는 거예요. 일만 시키고 아르바이트비는 제때 지급하지 않은 악덕 사장님이었던 거죠. 차일피일하며 알바비를 주지 않는 사장님의 태도에 몹시 화가 났지만, 똑똑한 알바생은 화를 내는 대신에 사장님에게 이렇게 제안합니다.

"사장님, 매월 말일에 월급을 안 주시니 다음 한달은 매일매일 알바비를 주세요. 다음 달 첫날에는 하루에 딱 1원만 알바비를 받을게요. 대신에 그 다음 날에는 전날에 비해 2배씩 알바비를 계속 올려주셔야 해요."

못된 사장님은 하루에 고작 1원으로 아르바이트생을 쓸 수 있다는 생각에 콧노래를 부르며 흔쾌히 수락하고 계약서를 작성했습니다. 열흘이 지나도 일당은 겨우 2,000원 정도였으니까요. 하지만 시간이 지날수록 후회막급이었습니다. 20일이 지나자 사장님은 하루에 백만 원 넘는 돈을 알바생에게 줘야 했고, 30일이 지나자 알바생의 일당은 무려 10억이 넘었답니다. 그제야 사장님은 '이럴 줄 알았으면 제때 알바비를 줄걸…' 하면서 후회의 눈물을 철철 흘렸답니다.

어때요? 알바생의 복수가 통쾌한가요? 물론 사장님이 실제로 그 돈을 주었을지는 알 수 없는 노릇입니다만, 애초에 이 사장님이 '수열'을 이해했다면 절대 알바생의 제안을 수락하지 않았겠죠. 즉 첫날의 알바비를 a_1, 둘째날의 알바비를 a_2, 셋째날의 알바비를 a_3이라고 하면, n번째 날의 알바비는 a_n이 됩니다. 알바비는 첫째날부터 다음과 같이 매일 올라가게 되는 거죠.

$$a_1 = 1,\ a_2 = a_1 \times 2 = 2,\ a_3 = a_2 \times 2 = 4,\ a_4 = a_3 \times 2 = 8 \cdots$$

첫째날이 1원, 둘째 날이 2원이면, 결국 n번째 날의 알바비를 a_n이라고 하면 다음과 같이 나타낼 수 있을 것입니다.

$$\begin{aligned} a_n &= 2 \times 2 \times \cdots \times 2 \\ &= 2^{n-1} \end{aligned}$$

편의상 한 달을 30일이라고 계산하면, 결국 알바비는 이렇게 구할 수 있겠네요.

$$a_{30} = 2^{30-1}$$

실로 엄청난 금액을 지불해야 한다는 계산이 나오는 군요. 그런데 서양에서도 이와 유사한 다른 이야기가 있습니다.[8]

8. 팀 샤르티에, 《달콤새콤 수학 한입》(김수환 옮김), 프리렉, 2017. 32-34쪽 참조

로마시대 장군 테렌티우스는 은퇴를 하면서 황제에게 수십 년간 복무한 대가로 '백만 데나리온'을 요청합니다. 이 말을 들은 황제는 고민 끝에 다음날 테렌티우스에게 다음과 같은 제안을 했습니다.

"짐에게도 조건이 있다. 지금 짐의 금고에는 합하면 백만 데나리온의 가치가 있는 황동 동전 5백만 개가 들어 있다네. 첫날에는 단 한 개의 동전만 가지고 갈 수 있지만, 다음 날에는 다시 금고에 들어가서 그 전 날의 2배에 해당하는 금액의 동전을 가지고 갈 수 있네. 그렇게 해서 만약 금고의 동전이 부족해지면 필요한 가치의 동전을 더 주조하도록 명령할 거야. 다만 장군은 누구의 도움도 없이 반드시 혼자서 동전을 가지고 나와야 하며, 더 이상 혼자 동전을 들 수 없을 때 우리의 계약은 종료되고, 그동안 가지고 나간 동전은 모두 장군의 것이 되네."

이 제안을 들은 테렌티우스는 금세 부자가 될 것이라 기뻐하며 수락하였죠. 그런데 테렌티우스는 어리석게도 동전의 무게를 고려하지 못했습니다. 개당 0.2 데나리온 정도의 가치를 가진 황동 동전 한 개의 무게는 5g인데, 14일째가 되자 가지고 나갈 동전의 무게는 약 41kg이었으며, 18일째는 655kg가 넘게 된 것입니다. 그러다 다음 날은 1t이 훌쩍 넘어가게 되었죠. 아무리 힘이 장사인 장군이라도 혼자 힘으로는 더 이상 동전을 들고 나갈 수 없게 된 것입니다. 약속대로 계약은 종료되었고, 장군은 결국 원래 요구했던 퇴직금 백만 데나리온에 턱없이 못 미치는 총 26만 정도의 대가만 받고 은퇴하게 되었답니다.

#깎느냐_ #다 주느냐_ #그것이_문제로다_ #알고_보면_#극한직업_ #황제는_ #수열천재

어때요? 수열 덕분에 황제는 장군에게 지급할 돈을 대폭 줄일 수 있었던 거죠. 어쩌면 황제는 수열 능력자였는지도 모르겠군요. 반대로 매일 두 배씩 동전을 계속 가지고 나갈 수 있다는 욕심에 눈이 멀어 늘어나는 동전의 무게를 미처 고려하지 못한 장군의 어리석음이 결국 큰 손해로 이어지고 말았습니다.

√ 등차수열과 등비수열로 알아보는 단리와 복리의 비밀

위에서도 '돈'과 관련된 이야기를 했지만, 특히 현대사회에서 등비수열은 돈과 깊이 관련되었기 때문에 더욱 중요합니다. 보통 친구에게 100원을 빌려주면 다음에 친구에게 100원만 다시 돌려받겠죠? 100원을 빌려줬으니 100원을 받는 것은 당연한 거 아닌가 하고 생각하겠지만, 사실 돈의 가치는 시간에 따라 달라집니다. 이게 무슨 뜻이냐고요? 예를 들어 100원을 빌린 친구가 그 돈을 은행에 예금했는데, 1달 후 이자가 10% 붙었다면 그 친구는 한 달 뒤 110원을 갖게 됩니다. 그러면 나에게 100원을 갚아도 10원이 남죠. 만약 그 100원을 내가 은행에 맡겼다면 10원의 이자도 내 것이었을 텐데, 친구가 10원의 이자를 받게 된 것입니다. 빌려줬을 때와 갚을 때 100원의 가치가 달라진 셈입니다. 이처럼 돈은 시간에 따라 가치가 달라집니다. 그래서 돈의 가치를 말할 때는 자연스럽게 시간에 따른 가치 변화를 함께 말해야 하는 것입니다.

은행을 예로 들어볼까요? 은행은 우리가 맡긴 예금에 대해서 이자를 지급합니다. 은행이 이자를 지급하는 방법은 2가지가 있죠. 바로 단리와 복리입니다. 먼저 단리란 내가 맡긴 예금에 대해서만 이자를 지급하는 방법을 말합니다. 예를 들어 연이율 10%인 A 은행은 원금에만 이자를 지급합니다. 따라서 우리가 A 은행에 10,000원을 맡기면 1년 뒤에 10,000원의 10%인 1,000원을 이자로 받을 수 있죠. 그런데 또 1년이 지나도 처음에 맡긴 원금 10,000원의 10%인 1,000원을 이자로 받게 됩니다. 그리고 또 1년이 지나도 처음에 맡긴 원금 10,000원의 10%인 1,000원을 이자로 받게 되며, 그로부터 또 1년이 지나도 처음에 맡긴 원금 10,000원의 10%인 1,000원을 이자로 받게 됩니다. 이렇게 단리로 계산하면 해마다 내가 얻게 되는 돈은 다음과 같습니다.

- 1년 경과: 10,000원 + 1,000원 = 11,000원
- 2년 경과: 10,000원 + 1,000원 + 1,000원 = 12,000원
- 3년 경과: 10,000원 + 1,000원 + 1,000원 + 1,000원 = 13,000원

즉 나의 은행 잔고는 매년 1,000원씩 증가하겠죠. 1년 전과 차이가 항상 1,000원으로 일정합니다. 이처럼 차이가 일정한 수를 나열한 것을 등차수열이라고 합니다. 그런데 요즘 은행들은 '이자에 이자를 지급하겠다'고 광고합니다. 즉 복리로 이자를 지급하겠다는 거죠. 즉 오직 원금에만 이자를 지급하는 방법인 단리법이 아니라, 복

리법은 원금과 이자 모두에 대해 이자를 지급하는 방법을 말합니다. 예를 들어볼까요? 연이율 10%인 B 은행은 원금과 이자에 대해 이자를 지급합니다. 이 은행에 우리가 10,000원을 맡기면 1년 뒤에는 10,000원의 10%인 1,000원을 이자로 받게 되겠죠? 하지만 또 1년이 지나면 원금과 이자의 합인 11,000원의 10%인 1,100원을 이자로 받게 됩니다. 그리고 또 1년이 지나면 원금과 이자의 합인 12,100원의 10%인 1,210원을 이자로 받게 되는 거죠. 이를 수학으로 표현하면 다음과 같습니다.

- 1년 경과: 10,000원 + 1,000원 = 10,000원 × (1+0.1)
- 2년 경과: 10,000원 × (1+0.1) + 10,000원×(1+0.1) × 0.1 = 10,000원× (1+0.1) × (1+0.1)
- 3년 경과: 10,000원 × (1+0.1) × (1+0.1)+10,000원 × (1+0.1) × (1+0.1) × 0.1 = 10,000원 × (1+0.1) × (1+0.1) × (1+0.1)

이렇게 복리로 계산하면 나의 은행잔고는 (1+0.1)만큼 곱한 것이 됩니다. 1년 전 은행잔고와 지금의 은행잔고 비율은 (1+0.1)로 항상 일정하죠. 항상 비율이 일정한 수를 나열한 것을 등비수열이라고 합니다.

피보나치 수열

해바라기부터 비트코인까지, **구석구석 존재하는 수열**

수열과 관련된 이야기를 좀 더 해봅시다. 수열은 특히 현대 금융시장을 분석하고 이해하는 데 매우 중요한 수단이 되고 있습니다. 이는 일정한 규칙으로 변화하는 수열의 메커니즘 때문인데요, 이 주제와 관련하여 여러분에게 꼭 소개하고 싶은 인물이 있습니다. 바로 이탈리아의 수학자 피사의 레오나르도(Leonardo of pisa, 1170~1250)입니다.

√ N개월 후 토끼는 과연 몇 마리가 될까?

피사의 레오나르도는 보나치의 아들이라는 의미의 '피보나치'라는 이름이 더 유명하죠. 그는 《산반서》에서 토끼의 개체 수에 관한 다음의 문제를 소개하였습니다.[9]

토끼 한 쌍은 태어나서 두 달째부터 매달 새끼를 한 쌍씩 낳는다. 갓 태어난 토끼 한 쌍이 있을 때, 12개월 후 토끼는 몇 쌍일지 구하시오.

자, 차근차근 생각해봅시다. 처음 태어난 토끼는 1쌍. 1개월 후의 토끼도 1쌍입니다. 처음 태어난 토끼가 아직 어른이 되지 못했기 때문이죠. 그런데 2개월 후 토끼는 2쌍이 됩니다. 원래 1쌍이 있었고, 다 자란 토끼 1쌍이 새끼를 1쌍 낳았으니까요. 그리고 3개월 후에는 원래 있던 토끼 2쌍에, 처음부터 있던 토끼가 또 1쌍의 새끼를 낳을 테니 3쌍이 됩니다. 4개월 후의 토끼는 5쌍이 되겠죠? 3개월

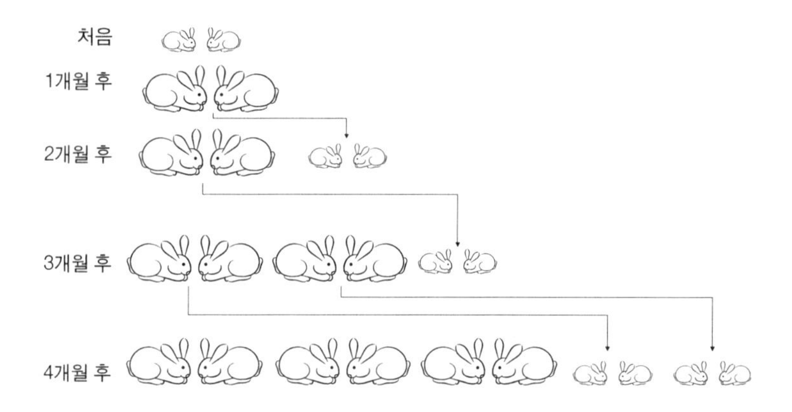

토끼의 번식과 피보나치 수열
한 쌍의 토끼는 생후 2개월부터 매달 한 쌍씩 새끼를 낳는다. 이것은 새로운 항은 직전의 두 항을 더한 값과 같다는 규칙으로 정리할 수 있다.

9. 정경훈, 《한번 읽고 평생 써먹는 수학 상식 이야기》, 살림출판사, 2016. 142-143쪽 참조

때 있던 토끼 3쌍에, 2개월 때 이미 있던 토끼 2쌍이 새끼를 낳았기 때문입니다. 이런 식으로 계속해서 늘어난다면 결국 n개월 후 토끼 쌍의 수 = (n-1 개월 때 있던 토끼 쌍의 수) + (n-2 개월 때 이미 있던 토끼 쌍의 수)가 됩니다. 풀어서 말하면 n개월째 토끼 쌍의 수는 n-1개월과 n-2개월째 토끼 쌍의 수를 합하면 된다는 뜻이죠.

바로 이것이 피보나치 수열입니다. 풀이하면 새로운 항은 바로 직전 두 항을 더한 값과 같다는 규칙을 뜻하죠.

√ 피보나치 수열과 황금비

피보나치 수열에는 황금비도 숨어 있습니다. 10번째 항의 수 55를 9번째 항의 수 34로 나눈값이 55/34 = 1.6176으로 황금비입니다. 11번째 항의 수 89를 10번째 항의 수 55로 나누면, 89/55 = 1.6182로 황금비가 나오죠. 자연물 중에는 이러한 황금비가 적용된 것들이 많은데, 혹시 해바라기꽃에도 피보나치 수열이 숨어 있다는 것을 알고 있나요? 여러분도 잘 알다시피 해바라기꽃 중앙에는 씨가 촘촘히 박혀 있습니다. 그런데 씨가 박힌 모양을 보면 시계 방향과 반대 방향의 나선이 있다는 걸 알 수 있죠. 해바라기 꽃의 크기에 따라 나선의 수는 제각각이지만, 한쪽방향으로 21열이면 반대방향은 34열이거나 아니면 한쪽방향이 34열이면 그 반대방향은 55열로 항상 이웃하는 나선에 존재하는 씨앗의 개수가 정확히 피보나치의

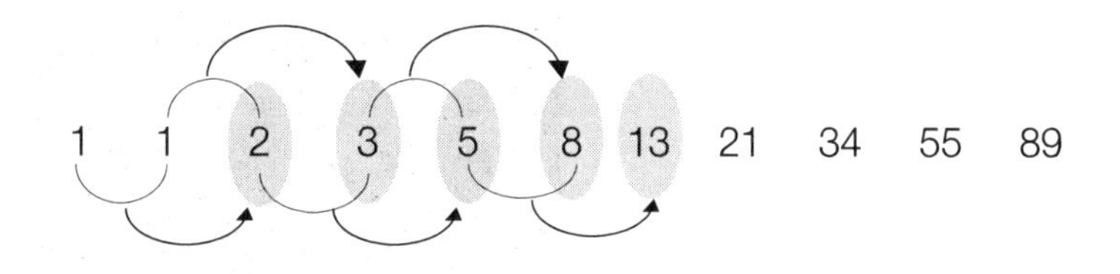

피보나치 수열과 황금비
새로운 항은 직전의 두 항을 더한 값과 같다는 피보나치 수열에는 황금비가 숨어 있다. 세상의 많은 자연물 중에는 이러한 황금비가 숨겨진 경우가 많다.

수열과 일치함을 알 수 있습니다. 이러한 황금비로 씨앗이 배열되어 있기 때문에 좁은 공간에 더 많은 씨앗이 들어가는 한편 세찬 비바람에도 잘 견뎌낼 수 있는 것이라고 합니다. 자연의 섭리가 참으로 놀랍지 않나요?

√ 지금은 살 타이밍일까, 팔 타이밍일까?

피보나치 수열은 꽃잎이나 씨앗 같은 자연물에만 존재하는 것이 아닙니다. 사람들은 주식시장을 소위 살아 있는 생물에 비유하기도 하는데, 피보나치 수열은 주식 및 비트코인 차트 분석에도 사용되죠. 주가의 움직임을 분석한 1939년 엘리엇 파동 이론[10]에 따르면 주가는 하나의 사이클을 형성합니다. 주가가 상승할 때는 5개의 파

10. 주가변동을 예측하는 기법으로 사용되며, 주가는 연속된 8개 파동이 사이클을 이루며 상승과 하락을 반복한다는 이론이다.

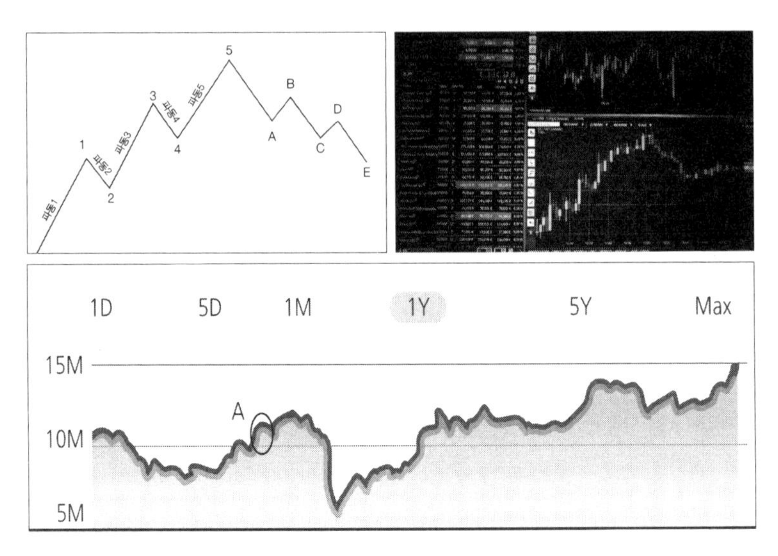

주식과 비트코인의 차트에서 나타나는 피보나치 수열

주가 상승 시에 일관되게 상승하는 것이 아니라, 그림처럼 상승과 하락을 반복한다. 파동 1이 상승한다면 파동 2는 상승한 것을 안정시키기 위해서 하락하는데, 이때 상승한 값의 38.2%나 61.6%만큼 하락한다. 마찬가지로 파동 3은 다시 파동 1의 1.618배 상승하며, 파동 4는 상승한 파동 3을 안정시키기 위하여 38.2%만큼 하락하는 식이다.

동이 나타나는데, 위의 그림처럼 상승과 하락을 반복하는 양상을 보이죠. 즉 상승하는 5개의 파동에서 파동 1이 상승한다면 파동 2는 상승한 것을 안정시키기 위해서 하락하는데, 이때 하락하는 수치는 대체로 상승한 값의 38.2%나 61.6%만큼 하락하게 됩니다. 그리고 다시 파동 3에서는 파동 1의 1.618배 상승하며, 파동 4는 상승한 파동 3을 안정시키기 위하여 역시 38.2%만큼 하락하는 식입니다. 그리고 이러한 상승과 하락의 파동은 비트코인의 차트에서도 비슷한 양상으로 나타나고 있습니다. 실제로 지난 1년간의 비트코인 차트를 분석한 결과 피보나치 비율에 따라 움직인 것으로 나타났습니다. 이처럼 주식가격, 비트코인이 상승하고 하락하는 사이클을 분석하고 예측할 때도 피보나치 수열이 활용될 수 있습니다.

만약 이 규칙을 바탕으로 실제 투자를 한다고 가정해봅시다. 내가 관심을 가진 주식이 상승을 멈추고 하락하기 시작한다면 대략 최고가에서38.2%까지는 하락이 예측되므로, 이를 기준으로 주식을 팔고 사는 타이밍을 잡는 전략을 수립할 수 있을 것입니다. 반대로 하락하기 시작했다면 직전 하락폭의 1.618배 상승이 예측되니 이 또한 매수 타이밍을 잡는 데 활용해볼 수 있겠죠?

코스피와 피보나치 수열

코스피지수가 2020년 3월 저점 2,120포인트에서 4월 고점 2,252포인트까지 132포인트 상승한 뒤 조정파동에 들어갔다. 지난 상승폭의 0.382코스인 2,001포인트까지 밀릴 수 있는 흐름이 나타나고 있다(코스피 조정파동은 0.618코스(2,170포인트)와 0.50코스(2,186포인트) 사이에서 저점이 형성될 가능성이 높다. 2,186포인트 밑으로 떨어지지 않으면, 고점 돌파를 염두에 두고 2,170선에서 상승세로 돌아서면 기술적 반등 수준으로 이해하고 접근하는 전략이 유효하다).[11]

11. 김대복, 〈피보나치 수열로 본 국내 증시 투자법〉, 《한국경제》. 2019. 4. 28. https://www.hankyung.com/finance/article/2019042810391

비트코인의 경우도 2009년 1월 발행된 이후 2012년과 2016년에 큰 반감기[12]가 존재했습니다. 그런데 반감기가 있는 해에는 반드시 상승세로 전환하는 양상을 보였죠. 실제로 반감기가 있던 바로 다음 해인 2013년과 2017년에는 상승장이 열리는 식의 흐름을 이어가고 있습니다. 2021년 초 비트코인이 다시 급상할 때 2021년 1월 4일 32,023달러에서 2021년 1월 8일 40,675달러까지 상승했습니다. 그러더니 총 증가한 8,652달러의 61.6%에 해당하는 수치보다 좀 더 떨어진 6,636달러만큼 하락했다가, 1월 12일에는 다시 34,039달러가 되었죠. 피보나치 수열이 또 한번 위력을 발휘한 것입니다. 물론 실제 시장에는 워낙 다양한 변수가 존재하기 때문에 피보나치 수열을 절대적인 규칙이라고 할 순 없습니다. 하지만 이러한 원리를 적절히 활용해본다면 팔고 사는 타이밍을 정하는 데 꽤 큰 도움을 받을 수도 있지 않을까요?

12. 전체 발굴량이 제한된 비트코인은 채굴자에 대한 보상이 절반으로 줄어드는 반감기가 존재한다. 즉 비트코인의 신규 공급이 절반으로 줄어드는 것을 말하며, 약 4년을 주기로 발생하고, 현재까지 2번의 반감기가 일어났다.

수열과
미분방정식

감염자 수와 회복된 사람들 사이에 숨은 비밀

2020년은 거의 모든 이슈를 코로나19가 송두리째 집어삼킨 해로 기억될 것 같습니다. 여러분도 아마 학교를 다니기 시작한 후 '온라인 개학'을 처음 경험해본 해로 오랫동안 기억에 남을 것입니다.

√ 감염과 회복 사이클에는 규칙이 있다!?

하루하루 확진자 수가 늘어나는 것을 지켜보며, 전 세계인들은 하루빨리 바이러스 확산이 잠잠해져 평범한 일상으로 돌아갈 수 있기를 바랄 뿐입니다. 그런데 혹시 전염병이 퍼져나가는 것도 수열로 생각해볼 수 있다는 것을 알고 있나요?

예를 들어 A라는 바이러스의 경우 건강한 사람도 감염자와 만나면 감염된다고 가정하면 한 사람의 감염자가 인구 전체를 감염시키는 데는 그리 오랜 시간이 걸리지 않을 것입니다. 앞에서 설명했던 피보나치의 수학 문제 속에 등장하는 토끼는 한 달이 지나서야 새끼를 낳았고, 그나마 딱 한 쌍만 낳았지만, A바이러스의 감염자는 건강한 사람을 바로 감염시키기 때문에 증가하는 속도가 피보나치 수열보다 훨씬 빠릅니다. 이를 막기 위해서는 철저한 사회적 거리 두기밖에 방법이 없겠죠.

하지만 현실에서는 감염된 사람들이 회복하기도 합니다. 또 회복한 사람은 해당 바이러스에 대해 항체를 갖게 됨에 따라 다시 감염되지 않고, 이후 다른 사람들을 감염시키지도 않는 경우가 더 많습니다. 만약 총 200명의 인구집단에서 A라는 바이러스가 전파되는 과정을 가정해보면 아래 그래프와 같습니다. 그래프에서 가로축은 시간이며 세로축은 사람의 수를 나타냅니다. 시간대별로 가운데 음영 부분은 감염된 사람의 수를 나타내며 오른쪽 부분은 감염에서 회복된 인구의 수를 나타내죠.

시간에 따른 바이러스 감염과 회복 인구 추이[13]
200명 규모의 인구집단에 바이러스 유행과 감염, 그리고 집단 면역이 생기는 과정을 보여주는 시뮬레이션이다.

13. 그림출처 - 워싱턴 포스터 시뮬레이션
https://www.washingtonpost.com/graphics/2020/health/corona-simulation-korean/

그림을 보면 A 지점까지는 감염자 수가 계속 증가하다가 결국 200명 인구집단이 모두 감염되고 나면, 차츰 회복되어 200명 모두 항체를 갖게 되는 과정을 나타냅니다.[14] 하지만 만약 모든 사람이 하나도 빠짐없이 감염된다면 의료시스템과 국가 전체에 엄청난 위기가 아닐 수 없습니다. 또한 바이러스로 인한 사망률이 명확하지 않은 질병이라면 감염된 모두가 회복한다고 장담할 수도 없겠죠? 그래서 사람들 간의 접촉을 막는 방법이 필요한 것입니다. 즉 사회적 거리두기를 할 때 수학적으로 A 바이러스 확산을 막을 수 있죠. 감염자와의 접촉이 줄어들며 바이러스가 잘 퍼져나가지 않는 것입니다. 마스크 착용이 그래서 중요한 것입니다. 아래의 그림은 사회적 거리 두기에 따른 확진자 숫자와 회복하는 사람의 숫자를 각각 그래프로 표현한 것입니다. 확진자 수 증가에 뚜렷한 차이가 있다는 것을 잘 알 수 있습니다.

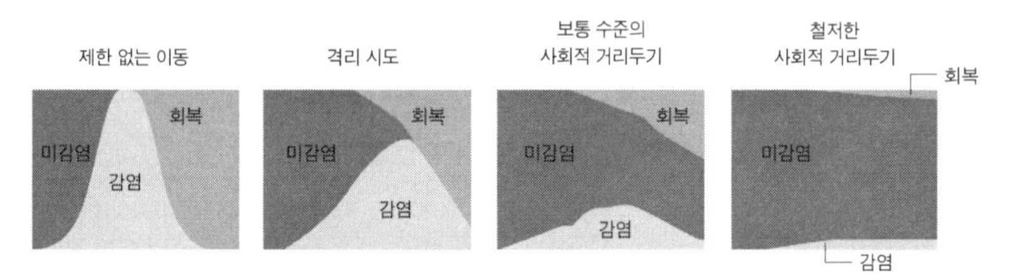

사회적 거리두기 단계에 따른 감염자 수 확산 추이
동일한 바이러스에 대해서도 제한 없는 이동이 가능할 때와 사회적 거리두기를 통한 감염자 접촉을 차단했을 때 현격한 차이가 있다는 것을 알 수 있다.

14. 동영상은 다음의 사이트에서 확인할 수 있다.
https://www.washingtonpost.com/graphics/2020/health/corona-simulation-korean/

√ SIR 모형과 방패면역효과

그렇다면 앞서 예로 든 그래프는 어떻게 그린 걸까요? 즉 어떤 함수를 바탕으로 표현된 그래프일까요? 감염자 수의 확산 추이 또한 수학적 개념과 언어를 사용한 모델을 활용하여 예측할 수 있습니다. 즉 건강한 사람을 S, 감염된 사람을 I, 회복된 사람을 R로 표현하여 감염병 전파를 수학적으로 분석한 모델을 SIR 모형이라고 합니다. 건강한 사람에서 감염된 사람으로 변하는 비율은 건강한 사람의 숫자와 감염자의 숫자에 의해 결정되죠. 그리고 감염된 사람에서 회복하거나 사망하는 비율은 감염자 숫자에 의해 결정됩니다. 이를 표현하면 다음과 같습니다.

$$\frac{dS}{dt} = -\alpha SI$$
$$\frac{dI}{dt} = \alpha SI - \beta I$$
$$\frac{dR}{dt} = \beta I$$

위의 식에서 알파는 '감염률'이며, 베타는 '회복률'을 의미하는 변수를 각각 가리킵니다. SIR 모형도 미분이 포함된 방정식, 즉 미분방정식인 셈이죠. 앞서 이미 설명한 것처럼 변화를 예측하는 데는 미분이 필수이니까요. 여기에 사망자까지 포함하면 다음과 같이 더 복잡한 수식이 만들어집니다.

$$\frac{dS}{dt} = \mu - \alpha SI - \mu S$$
$$\frac{dI}{dt} = \alpha SI - \beta I - \mu I$$
$$\frac{dR}{dt} = \beta I - \mu R$$

만약 회복되었지만 재감염되는 사례까지 있다면 다음과 같은 미분 방정식을 얻을 수 있겠군요. 위의 식에서 μ는 '출생률(사망률)'이며, 아래 식에서 γ는 '재감염율'을 의미하는 변수를 가리킵니다.

$$\frac{dS}{dt} = -\alpha SI + \gamma R$$
$$\frac{dI}{dt} = \alpha SI - \beta I$$
$$\frac{dR}{dt} = \beta I - \gamma R$$

혹시 **방패면역**(shield immunity)이라는 말을 들어본 적이 있나요? 최근 유행하는 코로나19 감염을 비롯하여 어떤 감염병에 걸렸다가 완치돼 면역을 얻은 사람들이 사회에서 일종의 '방패' 역할을 함으로써 사회 전체가 얻을 수 있는 면역을 가리킵니다. 미국 조지아공과대학교 연구진은 최근 네이처메디슨 기고문을 통해 SIR 모형을 이용하여 방패면역 효과를 시뮬레이션한 결과를 발표하였습니다. 만약 사회적 거리두기를 완화할 때 음식점이나 의료시설, 요양원 등과 같이 사람 간 접촉이 잦고 밀접한 분야에서 일하는 인력을 완치자들에게 우선적으로 맡길 경우, 관련 종사자를 포함해 감염 위험에

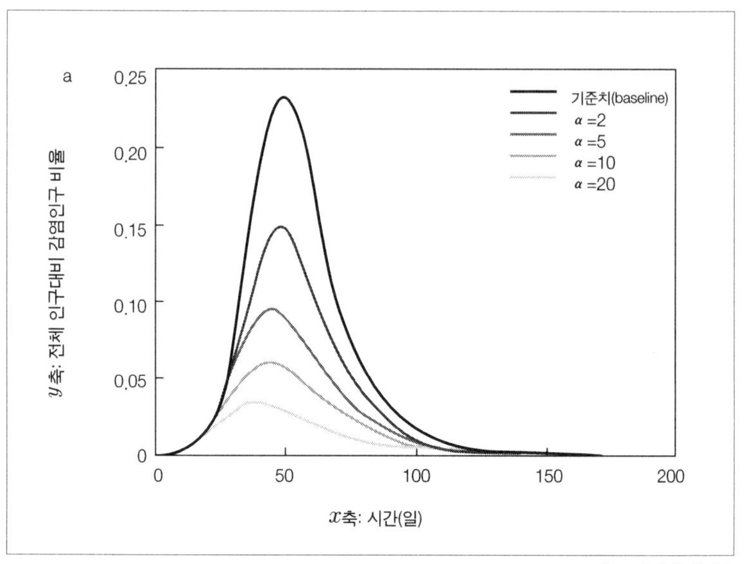

※자료: 네이처 메디슨

SIR 모형을 활용한 시간에 따른 감염인구 비율의 변화

방패면역이 있는 경우(회색선들)는 없는 경우(검정선)에 비해 감염인구와 기간이 감소하는 경향을 보인다. 알파값이 높아질수록 방패면역 효과가 높다.

취약한 불특정 다수를 안전하게 보호할 수 있다는 논리입니다. 같은 날 뉴욕타임스(NYT)도 이 기고문을 인용하여 "방패면역을 만들어 병원과 같이 전염성이 높은 환경에 놓인 사람들을 보호할 수 있다"고 전했습니다.[15]

이외에도 세상에는 다양한 전염병 확산을 예측하는 다양한 수학적 모델이 있습니다. 하루하루 바이러스 감염자 수가 폭증할 때면

15. 김윤수, 〈"코로나 완치자들 사람과 접촉 많은 곳에 전면배치… '방패면역' 생긴다"〉, 《조선비즈》, 2020.5.12. 기사 참조

감염병 유행에 무슨 규칙 따위가 존재하겠냐 싶을 것입니다. 하지만 그나마 우리에게 수학이 존재하기 때문에 미래를 조금이나마 정확하게 예측할 만한 공식을 제안할 수 있고, 또 우리는 그러한 예측을 통해 최악의 상황에 대비할 수 있는 것입니다.

통계

과거와 현재를 분석해 **미래를 예측하다!**

우리는 앞에서 함수, 미분, 적분, 수열으로 현재 가지고 있는 데이터를 바탕으로 미래 변화를 짐작할 수 있다는 것을 여러 가지 사례들을 통해 살펴보았습니다. 즉 현재까지 누적된 수많은 자료들을 활용하여 미래를 예측하는 거죠. 통계 또한 과거의 데이터를 분석하고 그 결과로 현재를 변화시키고 미래를 예측할 수 있는 중요한 수학적 방법입니다.

√ 데이터는 앞으로 무슨 일이 벌어질지 알고 있다!?

궁금한 것이 있으면 관련된 통계자료를 조사하여 팩트체크를 할 수도 있죠. 예를 들어 코로나19로 인하여 실제 사람들의 외출이 줄었을까 하는 의문이 생겼다고 합시다. 그러면 관련된 자료를 수집하여 분석하고 비교해볼 수 있습니다. 만약 사람들이 외식을 하려고 한다면 그냥 단골집에 갈 수도 있지만, 가볼 만한 맛집을 검색해보겠죠? 그렇다면 포털사이트의 검색어 양의 변화로 외출량을 파악해볼 수도 있을 것입니다.

다음 그림은 N포털의 데이터 랩(https://datalab.naver.com/)에서 인천 부평구의 음식점 검색량을 가지고 그래프로 다시 표현해본 것입니다. 그림에서 x축은 시간을 나타내며, y축은 검색어 비율을 나타냅니다. 그래프상에 2020년 1월 26일부터 3월 8일 사이에 음식점 검색 비율이 급감했음을 알 수 있습니다. 이 기간은 바로 코로나19 1차 팬데믹과 맞물립니다. 이런 자료들을 통해서 우리는 코로나19로 인해서 실제로 외출이 줄었다는 사실을 확인할 수 있습니다.

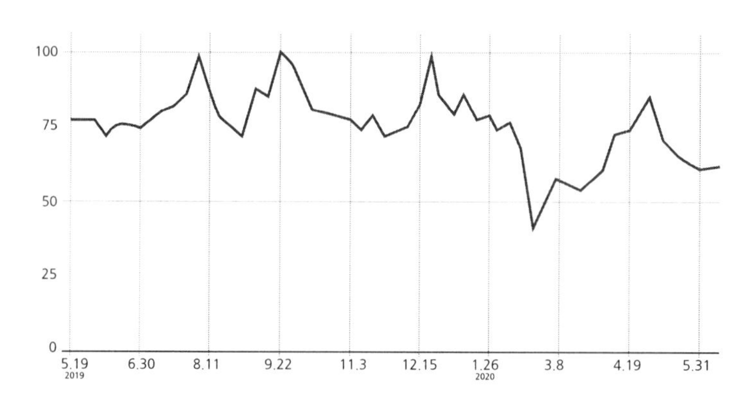

2019.5~ 2020. 5까지 N포털 음식점 데이터 검색 비율 차트

그래프를 보면 알 수 있듯이 코로나19 1차 팬데믹 시기에 사람들의 음식점 데이터 검색량이 급감한 것을 알 수 있다.

√ 인공지능, 예측에 정교함을 더하다

물론 세상에는 바이러스의 활동지수를 전문적으로 발표하는 기관도 있습니다. 예컨대 미국 질병통제예방센터(CDC)는 독감의 예방 및 치료를 위해서 독감 바이러스의 주간 활동지수를 발표합니다. 이는 주간마다 발표하는 데이터인데, 워낙 방대하기 그지없는 미국 전역의 자료를 수집하다 보니 분석하는 데 시간이 오래 걸립니다. 그래서 실제로 발표되는 것은 2주나 늦은 데이터입니다. 그러자 구글은 2008년과 2012년 사이에 독감과 관련된 검색어 40가지를 검색하는 빈도수로부터 독감 확산과 영향을 예측할 수 있다고 생각했습니다. 만약 이 데이터를 분석한다면 CDC가 2주 후에야 분석 자료를 내놓는 것을 앞당겨 질병 확산을 신속하게 멈출 수 있다고 생각한 거죠. 그래서 공개한 것이 '구글 플루 트렌드'입니다. 하지만 이 야심만만한 도전은 아쉽게도 2011년 8월 이후 108주 동안 100주나 틀린 예측을 내놓다가 결국 2015년 8월에 중단되기도 했습니다. 그만큼 바이러스의 활동지수를 정확하게 예측한다는 것이 결코 쉬운 일은 아닙니다.[16]

2020년 코로나19로 인한 세계적 팬데믹을 WHO는 1월 9일, CDC는 1월 6일 발표했습니다. 그런데 이보다 빠르게 12월 31일 코로나19의 위험성을 경고한 기업이 있습니다. 그건 바로 캐나다 건강 모

16. 닉 폴슨 · 제임스 스콧, 《수학의 쓸모》(노태복 옮김), 길벗, 2020. 294-298쪽 참조

니터링 플랫폼인 '블루닷'이라는 기업입니다. 블루닷은 인공지능(AI)을 활용하여 질병 관련 뉴스들을 분석하는데, 매일 65개국의 10만 건의 기사를 분석했죠. 또한 블루닷은 항공권 이용 정보와 같은 이동 정보까지 분석 자료에 포함하여 바이러스가 확산할 확률도 계산하였습니다. 코로나19 팬데믹 예측 이전에도 이미 블루닷은 2016년 1월 지카 바이러스가 국제적으로 확산할 것을 예측하기도 했고, 실제로 2016년 2월에 WHO는 국제적 공중 비상사태를 선포하기도 했습니다.[17]

오늘날 통계는 이처럼 과거로부터 현재까지 누적된 다양한 데이터들을 바탕으로 현재 상태를 분석하고, 이러한 분석 자료는 다시 미래를 예측하는 데 사용되고 있습니다. 거기에 빅데이터와 인공지능의 발달이 더해지면서 분석과 예측 수준이 점점 더 정교해지고 있습니다.

17. 차미영, 〈인공지능으로 코로나19 바이러스 진단 예측〉, ibs, 2020.3.12. 참고
https://www.ibs.re.kr/cop/bbs/BBSMSTR_000000000971/selectBoardArticle.do?nttId=18201

다이어그램

백의의 천사 나이팅게일은 **통계의 여왕!?**

플로렌스 나이팅게일(Florence Nightinglae, 1820~1910)은 오랜 시간 세계인들에게 '백의의 천사'로 각인되어 있습니다. 전장을 누비며 부상병들을 지극정성으로 치료하고 돌보았던 헌신의 아이콘으로 알려진 나이팅게일이지만, 그녀는 사실 수학적으로도 매우 의미 있는 인물입니다. 여러분 혹시 그녀가 수학을 좋아했다는 것을 알고 있나요? 나이팅게일은 수학을 좋아하고 재능을 보였다고 합니다.[18] 실제로 그녀는 불변식과 행렬 분야에서 위대한 업적을 남긴 수학자 실베스터(James Joseph Sylvester, 1814~1897)에게 수학을 배우기도 했죠.[19]

플로렌스 나이팅게일
크림전쟁에서 활약한 백의의 천사로 유명하지만, 실은 수학적으로도 매우 의미 있는 인물이다.

√ 위생의 중요성을 시각화한 맨드라미 다이어그램

간호사 나이팅게일은 1854년 10월 영국과 러시아의 크림전쟁 중 당시 국방부장관인 시드니 허버트(sideny Herbert)의 부탁으로 정부 지원을 받는 간호사들을 이끌고 전쟁터로 가서 군의관과 함께 환자들을 돌보았습니다. 현장에 내려간 나이팅게일은 병원의 위생 상태를 보고 경악을 금치 못했죠. 환자들이 누운 매트는 피와 오물로 뒤덮여 악취가 진동했고, 심지어 쥐가 우글거리며 콜레라와 이질이 만연했으니까요. 하수구는 오물로 가득했고, 화장실 배설물도 병원 마당에 그대로 뿌려져 있었습니다. 의료 물품과 마취제인 클로로포름[20]도 절대적으로 부족했으며, 의사도 부족한 열악하기 짝이 없는 환경이었습니다. 나이팅게일은 간호뿐 아니라 병원의 모든 행정업무를 도맡아 하며, 때로는 요리사로, 때로는 청소부로 일하기도 했습니다. 그리고 보건위생을 강조하며 병원을 바꿔나갔는데, 입원환자의 사망률은 1855년 겨울 52%에서 그해 봄 3월 20%로 감소했죠.

그런데 이야기를 시작하면서 나이팅게일이 '백의의 천사'일 뿐만 아니라 수학적으로도 의미 있는 인물이라고 했는데, 그건 나이팅게일이 1858년 고안해낸 맨드라미 다이어그램에서 확인할 수 있습니다. 이 다이어그램을 통해 나이팅게일은 데이터를 시각화하였으며,

18. 닉 폴슨 · 제임스 스콧, 《수학의 쓸모》(노태복 옮김), 길벗, 2020. 313쪽 참조
19. 이광연, 《웃기는 수학이지 뭐야》, 경문사, 2003. 254쪽 참조
20. 과거에는 마취약으로 널리 사용되었지만, 현재는 발암성이 의심되어 인해 미국 내에선 사용이 금지된 약물이다.

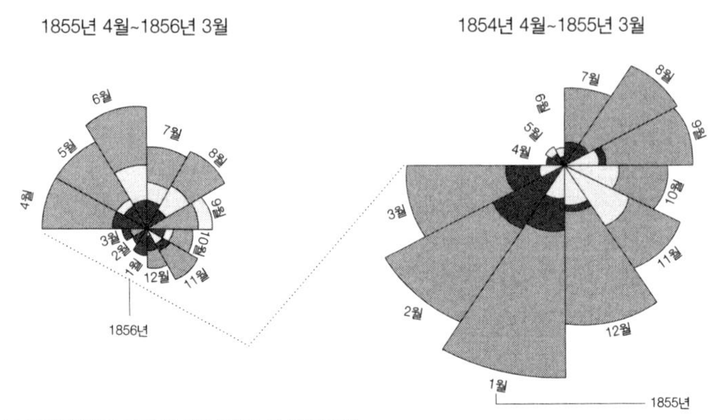

나이팅게일이 고안한 맨드라미 다이어그램

나이팅게일은 다이어그램을 통해 데이터를 시각화하여 공중보건의 중요성을 대중에게 강조하였다. 이러한 공로를 인정받아 영국왕립통계학회의 회원으로 선출되었다.

이를 이용하여 공중보건의 중요성을 대중에게 각인시킬 수 있었으니까요.

먼저 위의 그림을 살펴볼까요? 이 그림은 나이팅게일이 고안한 맨드라미 다이어그램을 그대로 옮겨본 것입니다. 오른쪽 그래프에서 제일 바깥쪽은 1854년 4월부터 1855년 3월까지 예방할 수 있거나 완화할 수 있는 전염병에 따른 크림전쟁의 월별 사망자 수를 나타냅니다. 그리고 점선을 통해 왼쪽 그래프로 이어져서 다시 1855년 4월부터 1856년 3월까지 데이터를 나타냈죠. 그리고 내부의 검은색 부분은 전투 중 입은 부상에 따른 사망자 수를, 안쪽의 연한 회색 부분은 다른 원인으로 생긴 사망자 수를 구분하여 표현한 것입니다. 굳이 통계적 지식이 없어도 이 그래프를 본 사람들은 부상 이외의 다른 원인 때문에 사망한 군인들이 훨씬 더 많다는 것을 한

눈에 파악할 수 있었죠. 요즘으로 치면 통계자료 브리핑 같은 역할을 했다고 할까요? 나이팅게일은 이러한 시각화된 자료를 근거로 제시하면서 현재의 열악한 위생 상태를 계속 방치한다면 군인들은 부상보다 감염 때문에 더 많이 사망할 것이라고 지적했습니다. 나이팅게일의 노력 덕분에 경각심을 높인 군 당국은 병원을 재설계하게 됩니다. 그러자 질병으로 사망하는 군인의 숫자가 큰 폭으로 감소했죠. 또한 다른 민간 병원들도 위생관리의 중요성을 깨닫고, 병원의 위생 상태를 개선하게 되었습니다. 이러한 노력들은 결국 수많은 생명을 살리는 결과로 이어졌죠. 통계자료를 기반으로 사람들에게 병원의 위생관리의 중요성을 알리며 결과적으로 수많은 목숨을 살려낸 거죠. 영국의 왕립통계학회은 이러한 나이팅게일의 업적을 높이 평가하여 회원으로 선출하기도 했습니다.

그런 일이 실제로 일어날 가능성은 얼마?

통계 이야기를 좀 더 이어가 봅시다. 앞서 우리는 인류가 필요에 의해 수 개념을 만들고 계산을 시작하게 되었다는 것을 살펴보았습니다. 그런데 통계의 기원도 이와 크게 다르지 않습니다. 여러분 혹시 통계가 영어로 무엇인지 알고 있나요? 네, 통계는 영어로 'statistics'라고 합니다.

그런데 이 단어의 어원은 국가라는 뜻의 'Status'에 있습니다. 인구조사를 뜻하는 'census'의 어원 또한 세금이라는 뜻을 가진 라틴어 'Censere'에 있습니다. 이러한 점을 통해 우리는 통계학의 시초가 실은 국가를 통치하기 위해 세금이나 병력의 수를 관리하기 위해 다양한 측정을 하기 시작한 데서 유래했다는 것을 충분히 짐작할 수 있죠. 실제로 통계는 오랜 시간 우리 인류가 중대한 의사결정들을 하는 데 있어 중요한 근거가 되어왔습니다.

√ 살아 돌아온 전투기

혹시 2차 세계대전 당시 연합군 전투기 조종사들의 생존율을 높이는 데 통계가 지대한 역할을 했다는 사실을 알고 있나요? 2차 세계대전 당시 전투기 조종사들의 목숨을 건지는 데 1등 공신 역할을 한 사람은 미국의 에이브러햄 왈드(Abraham Wald)인데, 그의 직업은 다름 아닌 통계학자입니다. 왈드는 통계학자로서 군의 의사결정에 필요한 통계 컨설팅을 제공하는 역할을 했는데, 이때 그가 이용한 것이 바로 조건부 확률[21]입니다.[22]

연합군은 날마다 독일을 공격하기 위해서 전투기를 출격시켰는데, 그중 많은 전투기가 적의 소총 공격에 크고 작은 손상을 입고 돌아왔습니다. 어느 날 A라는 사람이 돌아온 비행기들에 남은 탄흔의 분포를 분석하여, 기체 손상을 막기 위해 그 부위를 보호하기 위한 철판을 덧대자고 주장했죠.

하지만 이를 위해서는 비행기 기종별로 기체의 서로 다른 부분을 보강해야 했습니다. 빠른 전투기와 느린 폭격기는 공격받는 부위가 달랐으니까요. 이러한 주장에 대해 왈드는 전혀 다른 주장을 내놓습니다. 기체의 여러 부위가 아닌 엔진을 보호해야 한다는 주장을 한 것입니다. 왈드는 돌아온 비행기 중 엔진에 탄흔의 흔적이 적은

21. 특정 조건하에서 사건이 일어날 확률. 어떤 사건이 일어날 확률은 조건에 따라 달라짐을 의미한다.
22. 닉 폴슨 · 제임스 스콧, 《수학의 쓸모》(노태복 옮김), 길벗, 2020, 33-41쪽 참조

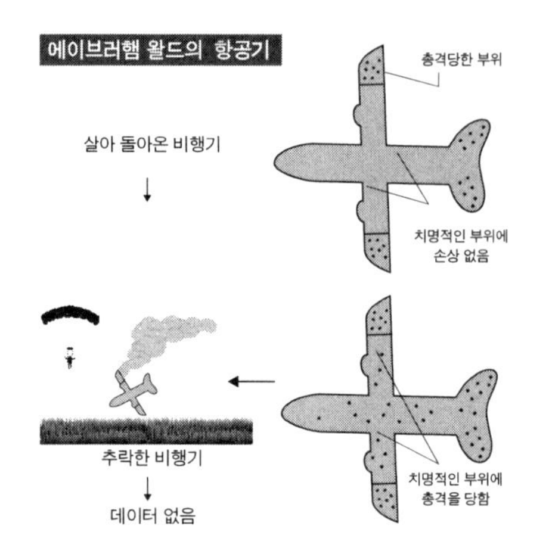

비행기의 부위와 총알 구멍 개수

비행기의 부위	제곱피트당 총알 구멍 개수
엔진	1.11
동체	1.73
연료계	1.55
기체의 나머지 부분	1.8

돌아오지 않은 비행기와 돌아온 비행기[23]
살아 돌아온 비행기는 엔진보다는 기체의 나머지 부분에 총알구멍이 많이 있었다. 살아 돌아오지 못한 비행기는 치명적인 부위에 총을 맞아서 돌아오지 못한 것이다.

이유는 엔진에 총을 맞은 비행기의 대다수가 살아 돌아오지 못했기 때문이라고 하면서 철판은 엔진에 덧대야 한다고 주장했죠. 왈드의 이러한 주장은 수학적 조건부 확률에 의해서 판단할 수 있습니다. 먼저 A의 주장을 정리해보면 다음과 같을 것입니다.

P(동체 | 돌아온 비행기)=33%

즉 돌아온 비행기 중에서 손상 부위를 확률로 계산했을 때 가장 높은 동체 손상을 막는 방안인 셈입니다. 하지만 왈드는 수학을 좀 더 정

23. 조던 엘런버그, 《틀리지 않는 법》(김명남 옮김), 열린책들, 2-18, 17쪽

확히 이해하고 있었습니다. 동체 손상을 입은 비행기가 살아 돌아올 확률과 엔진 손상을 입은 비행기가 살아 돌아올 확률을 각각 구한 거죠. 그래서 어느 부위에 손상을 입을 때 살아 돌아올 수 있는지 계산하였습니다. 동체가 손상되었을 때 살아 돌아올 확률과 엔진이 손상되었을 때 살아 돌아올 확률은 각각 다음과 같았습니다.[24]

P(돌아옴 | 동체손상)=94%

P(돌아옴 | 엔진손상)=58%

부위	한번 총격 맞았을 때 생환 확률
Entire Aircraft 항공기전체	.851
Engine 엔진	.588
Fuselage동체	.940
Fuel System 연료시스템	.973
thers기타	.939

동체가 손상되었을 때 살아 돌아올 확률은 94%였으며, 엔진이 손상되었을 때 살아 돌아올 확률은 58.8%였다는 것은 다시 말해 엔진이 손상되었을 때 전투기가 살아 돌아올 확률이 크게 떨어진다는 뜻입니다. 왈드의 정확한 분석과 대처 덕분에 연합군의 비행기 생환율은 크게 높아질 수 있었죠. 이처럼 수학을 활용하면 한층 정확하게 분석함으로써 미래를 대비할 수 있습니다.

24. Marc Mangel and Francisco J. Samaniego, 〈Abraham Wald's Work on Aircraft Survivability〉, 《Journal of the American Statistical Association, Jun., 1984, Vol. 79, No. 386》, 1984, pp. 259-267

√ 나무와 숲의 관계를 밝히는 통계

통계에 관한 또 다른 이야기를 이어가 봅시다. 대략 만 년 전 우리 인류는 필요에 의해 국가를 만들었고, 수많은 시행착오를 경험했습니다. 아주 먼 조상부터 가까운 조상까지 변화무쌍한 자연환경에 대해 적절한 대응을 반복한 덕에 현재의 우리가 무사히 존재할 수 있는 거겠죠? 20세기 전까지는 인류가 느꼈던 불안의 뿌리에는 주로 무지, 정보 부족이 원인으로 자리하고 있었습니다. 그와는 대조적으로 요즘은 넘쳐나는 수많은 정보 중에서 대체 어떤(?) 정보를 거르고 선택해야 할지에 대한 혼란이 더 큰 불안으로 작용하고 있죠. 이러한 혼란을 해결하기 위해 수많은 수학 천재들은 서로 협력하며 많은 부분을 해결하고 있습니다.

세상은 불확실성으로 넘쳐납니다. 하지만 우리 인간은 불확실한 것들을 불확실한 채로 내버려두기보다는 '그럼에도 불구하고' 혹시 얼마나 가능성이 있는지 궁금해했고, 이에 대한 판단을 내리고자 했죠. 통계학은 이렇듯 불확실한 것들에 대한 어떤 기준을 세우는데 기여하는 바가 큽니다. 특히 통계학은 정치적 상황과 관련된 자료를 조사하고, 자연현상이나 사회 현상을 수량화하여 분석하기 위하여 자주 사용되었습니다.

우리 인간은 아직 일어나지 않은, 즉 미래에 일어날 현상도 현재의 수많은 자료들로 가능성을 예측하고 대응하였습니다. 통계학은 다양한 기초과학 학문들과 융합하며 진화를 거듭하고 있는데, 대표적으로 연결망 과학을 연구하는 학문인 '통계물리학'은 통계와 물리학의 통합된 학문이며, 서서히 주류로 떠오르고 있습니다.

통계자료를 보면 빠지지 않고 등장하는 단어가 있습니다. 바로 '평균'과 '(표준)편차'입니다. 통계학의 핵심키워드이기도 한 '평균'과 '편차'는 무엇일까요? 이 말의 풀이는 '관계'에서 찾아야 할 것입니다. 우리가 살아가면서 겪는 수많은 어려움 중 하나는 바로 개인과 공동체 사이의 관계 설정일 것입니다. 즉 부분과 전체의 관계 설정, 비유하자면 나무와 숲의 관계 설정을 말합니다. 말하자면 나무(미시세계)에 집중하는 사람은 숲(거시세계)을 보기 힘들고, 숲(거시세계)를 보는 사람은 나무(미시세계)를 간과하기 쉬운 것처럼 전체와 부분을 균형 있는 시각으로 바라본다는 것이 결코 쉽지 않습니다. 그런데 이럴 때도 수학이 도움을 줄 수 있습니다. 자신이 속한 공동체 안에서 자신의 상태를 가늠하려면, 먼저 공동체의 보편적 특성을 알아야 할 것입니다. 평균은 바로 이에 해당하는 개념입니다. 그리고 자신이 그 보편적 특성에 얼마나 가까이 또는 멀리 있는지를 확인하는 데 필요한 것이 바로 편차죠.

$$\text{평균값(전체, 숲)} = \frac{\text{총합}}{\text{명수}}$$

이해를 돕기 위해 좀 더 구체적인 예를 들어봅시다. 각각 5명의 학생으로 이루어진 A반과 B반이 있습니다. 한 선생님이 두 반을 모두 가르치고 있죠. 어느 날 선생님이 똑같은 내용으로 A반과 B반 학생들에게 10점 만점의 쪽지시험을 치렀는데, 결과는 다음과 같이 나타났습니다.

구분	학생 1	학생 2	학생 3	학생 4	학생 5
A반	1점	3점	5점	7점	9점
B반	3점	4점	5점	6점	7점

A반과 B반의 평균값을 구하면 동일하게 5점입니다. 즉 두 반의 평균값은 동일하죠. 이때 산출된 평균값이 A집단과 B집단을 대표하는 값이 됩니다.

이렇듯 평균은 자료 하나하나에 초점을 맞추는 것이 아니고, 자료집단을 대표하는 하나의 특성을 묘사하기 위해 산출하는 값입니다. 전체의 특성, 즉 숲의 특성을 대변하죠. 예컨대 한국인의 평균소득은 1960년 100달러, 2017년 3만 달러라고 하면, 이는 한국인 한명 한명의 소득이 아닌 한국인의 집단 전체를 대표하며 나타내는 값입니다. 한편 편차(부분, 나무)는 공동체 속의 개인적 특성을 파악합니다. 그래서 처음 주어진 각각의 자료(나무 하나하나)와 평균값(숲)과의 관계를 살펴보려면 편차를 활용해야 합니다.

편차 = (개별값 − 평균값)

이렇게 계산된 각각의 편차를 그냥 더하면 0이 되기 때문에 학생들 개개인이 평균에서 얼마나 떨어져 있는지를 알기 위해 구하는 것이 바로 **분산**과 **표준편차**입니다. 먼저 각 편차값을 제곱하여 더한 후 이를 다시 인원수로 나눈 값을 분산이라고 하고, 이의 제곱근을 표준편차라고 합니다. 바로 이 값을 살펴보면 전체와 구성원들의 관계를 파악할 수 있죠. 개개인이 평균으로부터 얼마나 멀리 떨어져 있는지 보여주니까요. 언론의 경제면을 살펴보면 종종 표준편차 용어를 사용하는 것을 알 수 있습니다.

그럼 다시 좀전의 쪽지시험 결과로 돌아와 볼까요? 이 결과를 다시 살펴보면 직관적으로 알 수 있습니다. 앞서 두 반의 평균값은 모두 5점으로 동일하였습니다.

- A반: 1, 3, 5, 7, 9으로 평균값 5점
- B반: 3, 4, 5, 6, 7으로 역시 평균값 5점

하지만 A반과 B반의 편차값을 계산해보면 다음과 같습니다.

구분	학생 1	학생 2	학생 3	학생 4	학생 5	분산	표준편차
A반	1-5=-4	3-5=-2	5-5=0	7-5=2	9-5=4	8	$\sqrt{8}$
B반	3-5=-2	4-5=-1	5-5=0	6-5=1	7-5=2	2	$\sqrt{2}$

두 반의 평균값은 동일했지만, A반의 학력 편차가 B반에 비해 더 크다는 것을 알 수 있죠. 다시 말해 A반 각 개인의 점수는 B반 각 개인의 점수보다 편차가 크기 때문에 교사는 A반을 수업할 때 B반보다 학생들의 학업성취 수준이 다양하다는 점을 고려하여 학생 개개인이 수업 내용을 잘 이해하고 있는지 좀 더 세심하게 살필 필요가 있을 것입니다. 이렇듯 수학은 각 집단의 특성은 물론, 집단에 속한 구성원들과 집단의 관계를 파악하는 데도 매우 유용한 기준을 제공합니다.

조합

벼락 맞을래,
로또 맞을래!?

주말마다 발표하는 로또 추첨 결과를 기다리며 많은 어른들이 매주 로또를 삽니다. 당첨 가능성이 매우 낮다는 것은 잘 알지만, 맘속으론 혹시 자신이 1등의 주인공이 될지 모른다는 꿈을 꾸는 거겠죠? 그렇다면 로또 1등에 당첨될 확률은 얼마일까요? 정답부터 말하면 로또는 1등 당첨 확률은 814만5,060분의 1에 불과합니다.

√ 로또 당첨 확률을 구해보자!

이것이 어떻게 나온 수치인지 알아볼까요? 먼저 로또는 45개 숫자 중에서 원하는 숫자 6개를 고를 수 있습니다. 추첨할 때는 1부터 45까지의 숫자가 적혀 있는 45개의 공들을 마구 섞은 후 그중 6개를 무작위로 선택하죠. 45개 숫자가 적힌 공 중에서 서로 다른 숫자 6개를 고르는 경우의 수 분의 1이 바로 로또 1등 당첨확률입니다. 서로 다른 n개에서 순서를 생각하지 않고 서로 다른 r개$(0 < r \leq n)$를 택하는 것을 n개에서 r개를 택하는 조합이라고 하고, 이 조합의 수를 기호로 다음과 같이 나타냅니다.

$$ {}_{n}C_{r} = \frac{n \times (n-1) \times (n-2) \times \cdots \times (n-r+1)}{r \times (r-1) \times (r-2) \times (r-3) \times \cdots \times 1} $$

그렇다면 로또의 서로 다른 45개의 공 중에서 6개를 선택하는 경우의 수는 조합으로 나타내면 다음과 같겠죠?

$$ \begin{aligned} {}_{45}C_{6} &= \frac{45 \times (45-1) \times (45-2) \times \cdots \times (45-6+1)}{6 \times (6-1) \times (6-2) \times (6-3) \times \cdots \times 1} \\ &= \frac{45 \times 44 \times 43 \times 42 \times 41 \times 40}{6 \times 5 \times 4 \times 3 \times 2 \times 1} = 8,145,060 \end{aligned} $$

따라서 로또 1등에 당첨될 확률은 $\frac{1}{{}_{45}C_{6}}$이므로, $\frac{1}{8,145,060}$이 되는 것입니다. 수치만 놓고 본다면 로또를 사는 얼마 안되는 비용마저 아까울 정도입니다. 그럼 벼락에 맞아 죽을 확률은 얼마나 될까요? 이는 다음 기사를 통해서 확인할 수 있습니다.

> 2012년과 2013년에 한국에서 벼락으로 인한 사망자가 각각 1명씩 발생했다. 대한민국 인구를 5천만이라고 하면 매년 5,000만 분의 1이다.

미국국립번개안전 연구원에 따르면 미국에서는 28만 명 중 한 사람이 벼락에 의해 희생된다고 하는데, 이를 계산하면 28만 분의 1이 된다.

물론 로또에 맞을 확률과 벼락을 맞을 확률을 단순 비교한다는 건 솔직히 의미가 없습니다. 왜냐하면 벼락을 맞을 확률은 1년이라는 시간 동안 발생할 확률을 계산한 것이지만, 로또는 1주라는 시간 동안 발생할 확률이니까요. 만약 매주 결과를 발표하는 로또를 52주 동안 한주도 빠지지 않고 계속한다면 로또의 당첨 확률은 다르게 생각해야 하겠죠? 무엇보다 큰 차이는 조건입니다. 무작위 추첨을 원칙으로 하는 로또는 언제 어디서나 같은 당첨 확률인데 반해, 벼락을 맞아 죽을 확률은 시간이나 장소라는 변수에 따라 결과가 크게 달라집니다. 예컨대 비가 오는 날에 벼락을 맞을 확률이 높고, 뾰족한 금속 물체를 가지고 있다면 확률이 더 높아지니까요.

로또의 당첨 확률이 희박하지만 회차마다 1등 당첨자 수가 여럿 나오는 이유는 구매하는 수량이 워낙 많기 때문입니다. 예컨대 877회 로또는 845억 원어치 팔렸고, 당첨자는 12명이었습니다. 이는 실제 확률로 계산한 수치와도 크게 다르지 않습니다. 1등 당첨자 수를 수학적으로 예측해보면 다음과 같습니다.

$$\frac{845\text{억 원}}{1{,}000\text{원} \times 814\text{만 가지 경우의수}} = 10\text{명}$$

따라서 10명 내외의 당첨자가 나온 것은 자연스러운 거죠.

√ 결국 정상분포로 돌아가는 것이 자연의 법칙

우리가 통계자료를 해석할 때는 보통 표집한 자료가 '정규분포를 이룬다'는 것을 전제로 합니다. 이 말은 평균을 중심으로 데이터가 몰려 있으며, 평균의 좌우로 거의 동일한 비율이 분포하고 있다는 뜻입니다. 따라서 그래프로 표현하면 가운데가 불룩 솟아오른 종 모양을 이루게 되죠. 영국의 프랜시스 갈톤(Francis Galton, 1822~1911)은 '갈톤관'이라고도 불리는 이항분포 실험기라는 장치를 만들었습니다. 칸이 나뉜 특수 제작한 관에 구슬을 계속해서 넣으면 칸에 들어가는 구슬의 분포가 아래와 같이 종 모양을 띠게 되는 거죠.

갈톤관 실험[25]

특수 제작한 관에 무작위로 구슬을 계속 넣다 보면 결국 가운데 평균을 중심으로 좌우 고르게 흩어지게 된다. 이를 이항분포라고 한다. 평균에서 멀어질수록 낮은 분포를 보인다.

25. 아래의 url에 접속하면 직접 실험해볼 수도 있다.
https://www.algeomath.kr/algeomath/app/key/a62b97c3157411eb85a6d2

이처럼 분포하는 형태가 종 모양을 이루는 것을 **정규분포**라고 합니다. 정규분포는 영어로 'normal distribution'이라고 하는데, 'normal'이 '정상'이라는 뜻도 있어, **정상분포**라고 쓰기도 합니다. 키, 몸무게, 성적 등 세상만물의 대부분은 정상분포의 기준에서 크게 벗어나지 않는 경향이 있습니다. 즉 평균을 기준으로 ±1표준편차 안에 약 90%가 포함된다는 뜻이죠. 예컨대 대한민국 남자의 신장은 정규분포를 이룹니다. 평균인 173cm를 중심으로 거의 대칭을 이루고 있죠. 해가 갈수록 평균신장은 계속 바뀌어도, 평균을 중심으로 좌우 일정한 수치에 대부분의 사람들이 모여 있는 분포의 형태는 거의 달라지지 않습니다. 수능 시험에서 국어, 수학 과목의 표준점수는 평균이 100점, 표준편차 20을 가진 정규분포를 따르고 있죠.

정상분포는 1733년 프랑스 출신의 영국 수학자 아브라함 드무아브르(A. De Moivre)가 독립적 사건의 무한한 분포는 결국 정상분포를 이룬다는 것을 처음으로 지적한 이후에 정상분포의 공식을 유도함으로써 세상에 알려지기 시작했죠. 소위 '주사위 던지기'와 같은 우연한 요인들의 작용에 의해서 생기는 사건조차 무한 반복하면 결국 정상분포에 접근한다는 것입니다. 정상분포는 수리적으로 유도된 다양한 분포들 중에서 현재 가장 많이 사용되고 있습니다. 예컨대 성격검사와 같은 심리측정이나 여론조사와 같은 표집통계 등에서 다양하게 활용되고 있죠.

여기서 **표본**은 전체집단을 대변할 수 있는 일종의 샘플을 말합니다. 통계조사에서는 전체집단, 즉 **모집단**의 모습을 예측하기 위해 모집단을 대표할 수 있는 '표본'을 추출하죠. 왜냐하면 전체집단에 속한 자료들을 모두 처리하기 위해서는 시간과 비용이 너무 많이 들기 때문에 '랜덤샘플링'이라고 부르는 방식으로 모집단에서 무작위로 표본들을 추출함으로써 전체집단이 가진 특성을 예측하는 것입니다. 이때 추출하는 표본집단의 크기가 모집단의 크기와 가까우면 가까울수록 전체집단과 가까워질 가능성이 높아지고, 정규분포에도 가까워집니다. 그리고 표본이 집단을 대표하지 못할 가능성을 표준오차 범위 내로 산출하죠. 소위 통계자료에서 자료의 특성(평균)에 대한 95% 신뢰구간이라고 적혀 있다면, 크기 n인 표본을 여러번 추출하여 신뢰구간을 각각 구하면 그 중에서 약 95%는 전체집단의 특성(평균)을 포함한다는 의미입니다.

앞서 언급한 것처럼 정규분포 모습은 마치 '종' 모양과 비슷합니다. 종의 머리 정수리에서 수직으로 내린 선을 중심선(축)이라고 하고, 중심선과 X축의 교점은 평균값이며, 중심선(축)을 중심으로 그

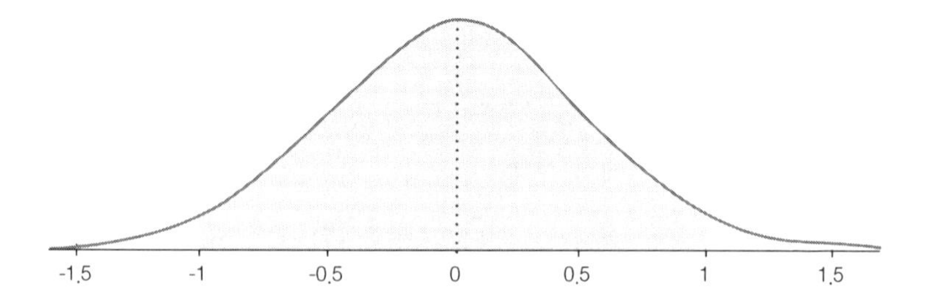

정상분포(normal distribution)
평균 0을 기준으로 z점수 ±1사이에 약 90%가 모여 있는 종 모양의 분포를 가리켜 정상분포라고 한다.

래프는 좌우대칭을 이룹니다. 또한 평균을 기준으로 (평균-표준편차, 평균+표준편차) 구간에 약 90%의 데이터가 모여 있습니다. 결론적으로 정규분포의 그래프를 통해 알 수 있는 사실은 평균값(대표값)에 가까워질수록 자료들이 많아진다는 거죠. 앞서 언급했던 사람의 키나 몸무게 모두 정규분포 모양입니다. 평균(전체, 숲)과 표준편차(부분, 나무)는 정규분포를 통해서 데이터를 설명하는 하나의 그래프로 표현될 수 있습니다. 무엇보다 정규분포표를 활용하면 앞으로 일어날 상황들을 확률(가능성)로 예측할 수 있다는 점에서 통계적으로 매우 의미가 있습니다. 그래서 많은 수학자들이 정규분포의 법칙에 따라 다양한 자연현상 또는 사회현상들에 대한 가능성, 즉 확률을 예측하고 있죠. 100년 전부터는 다른 전공학자들도 이를 인정하게 되면서 정규분포는 우리 생활 전반에 더욱 폭넓게 사용됨으로써 보편화되었습니다.

표집

여론조사는 얼마나 믿을 수 있을까?

앞서도 잠깐 언급했지만, 통계조사는 모집단 전체를 대상으로 하는 전수(전체)조사와 모집단을 대표하는 표집을 대상으로 한 표본조사로 나눌 수 있습니다.

√ 신뢰수준, 표본오차… 이게 무슨 뜻이지?

전수조사는 인구, 대통령선거 등에 사용됩니다. 나머지 경우는 거의 표본조사 방식을 취합니다. 표본조사는 조사할 대상인 전체(모집단)에서 표본(샘플)을 뽑아 평균, 표준편차, 확률을 조사하여 모집단을 예측하는 방식입니다.

여론조사의 기초는 수학의 중심극한정리[26]에 근거합니다. 집단을 대표하는 큰 표본에서 정보를 수집했으면 그 표본에서 추출한 정보는 집단을 대표할 거라고 추측하는 방식이죠. 물론 집단 전체를 조사한 것이 아니므로 표본조사와 실제 조사의 결과가 다를 가능성이 있습니다. 그래서 여론조사 결과를 발표할 때는 반드시 '신뢰수준'과 '표본오차'를 함께 명시하는 거죠. 표본오차란 표본조사의 결과와 실제 모집단의 차이를 말합니다. 예를 하나 들어볼까요? 대통령선거 여론조사에서 후보들의 지지율이 다음과 같이 나왔다고 합시다.[26]

A후보 50%

B후보 15.8%

C후보 5.5%

D후보 3.0%

기타 25.7%

(※95% 신뢰수준에 표본오차 ±3.1% 포인트)

우리가 주목할 것은 지지율 아래 적혀 있는 신뢰수준과 표본오차입니다. 이 조사는 95% 신뢰수준에 표준오차는 3.10% 포인트라고 적혀 있습니다. 대체 이것이 무슨 뜻일까요? A후보자를 예로 들어 조사 결과를 설명하면, 표본조사 결과로 나온 이 후보의 지지율은 46.9~53.1% 범위로 예측할 수 있으며, 이 지지율 밖으로 벗어날 확

26. 동일한 확률분포를 가진 독립 확률 변수 n개의 평균의 분포는 n이 적당히 크면 정규분포로 수렴한다는 이론

률이 약 5%, 바꿔 말해 이 지지율의 범위에 속할 가능성이 95%라는 뜻입니다. 쉽게 말해 조사 결과에 부합할 가능성 95%이고, 조사 결과가 틀릴 가능성은 5% 정도로 매우 낮다고 해석할 수 있겠습니다.[27] 대체로 실제 선거 결과와 여론조사 결과는 오차범위 수준에서 큰 차이가 나지 않지만, 틀릴 가능성 5%가 여전히 존재합니다.

√ 조사대상은 얼마나 모집단을 대표할 수 있는가?

빗나간 여론조사의 대표적인 사례는 바로 2016년 미국 대통령선거 결과입니다. 미국 45대 대통령선거 결과가 나온 날, 모두가 큰 충격을 받았습니다. 2016년 미국 대통령선거 전 실시된 여론조사의 거의 대부분은 힐러리 클린턴의 당선을 예측했으니까요. 하지만 최후의 승자는 모두 알다시피 도널드 트럼프였죠. 이런 결과가 나온 이유는 여러 가지로 분석할 수 있겠지만, 결국 표본의 문제였습니다.[28] 여론조사 기관에서 사용한 예측 모형은 과거보다 더 발전하였지만, 입력데이터가 모집단을 제대로 반영하지 못한 채 다소 편향되어 있었던 거죠. 즉 조사대상인 표본이 모집단의 특성과 차이가 있었다는 뜻입니다. 그래서 이런 문제를 보완하기 위해 여론조사 기관들은 문제의 원인을 분석하였고, 여론조사 응답자 중 도시

27. 찰스 윌런, 《벌거벗은 통계학》(김명철 옮김), 책읽는수요일, 2019. 296쪽 참조
28. 닉 폴슨 · 제임스 스콧, 《수학의 쓸모》(노태복 옮김), 길벗, 2020. 300쪽 참조

거주자가 많았다는 점에 주목하였습니다. 그 결과 시골 거주자 비중을 높이거나 유선전화 대신 휴대전화 비중을 높이기도 하면서 표본이 편향되지 않도록 조정했습니다.[29] 그래서 2020년 미국의 46대 대통령 선거 때는 여론조사 결과와 선거 결과가 서로 일치했죠.

우리나라에서도 매주 여론의 관심이 높은 현안 또는 대통령이나 정당 지지율에 관한 여론조사를 실시하는데, 의뢰기관마다 조사 결과에 다소 차이를 보입니다. 이 또한 면접방식인지 ARS방식인지, 유선전화인지 무선전화인지, 또 각각의 비율은 어느 정도인지 등에 따라서 표집의 성격이 조금씩 달라지기 때문입니다.

√ 미션, 불필요한 변수들을 걸러내라!

또 다른 표본조사 사례로 '출구조사'라는 것이 있습니다. 우리나라에서는 선거 당일 각 방송사는 개표방송을 시작하기 직전에 일제히 출구조사 결과를 발표하는데, 이 또한 표본조사에 해당합니다. 표집의 의견을 바탕으로 모집단의 의견을 예측하는 방식이라는 점에서 다르지 않으니까요. 출구조사 결과는 대체로 정확성이 꽤 높기 때문에 선거 당일 모두가 초조한 마음으로 각 방송사의 출구조사 결과에 촉각을 기울입니다.

29. 강건택, 〈미 대선 D-9] 4년전 체면 구긴 여론조사…이번엔 맞힐까〉, 《연합뉴스》, 2020.10.25.

그런데 출구조사의 정확도는 왜 높은 걸까요? 이는 불필요한 변수들이 상당 부분 걸러진, 말하자면 순도 높은 표본을 대상으로 예측하기 때문입니다.

세상에는 다양한 종류의 예측 시스템이 존재하며, 때로는 꽤 정확한 예측을 하기도 하지만, 반대로 종종 예측이 빗나갈 때도 있죠. 예컨대 날씨나 태풍을 예측할 때는 수시로 변화하는 수많은 요인들을 고려하여 슈퍼컴퓨터가 계산하는 시스템으로 태풍의 크기, 강도, 방향 등을 예측합니다. 만약 10일 전의 자료로 태풍(날씨)을 예측한다면 '나비효과'때도 이야기했지만, 작은 변수에 의해서도 큰 차이로 이어지는 날씨의 성격상 중간에 이런저런 변수가 너무 많기 때문에 오차가 발생할 수 있습니다. 하지만 하루 전부터 매초 태풍(날씨)의 변화 자료들을 슈퍼컴퓨터에 입력한다면 전문가들이 데이터를 해석하여 날씨나 태풍을 비교적 정확하게 예측할 수 있죠.

마찬가지로 선거와 멀리 떨어진 기간에 실제 투표를 할지말지 모르는 불특정 다수를 대상으로 한 여론조사와 달리 총선, 대선의 출구조사는 실제 선거를 마치고 나오는 유권자를 대상으로 이루어집니다. 출구조사는 투표 마감 전의 각각의 투표장에서 20명씩 무작위로 선택한 표집으로 당선자를 예측하므로 훨씬 더 정확한 결과를 계산할 수 있는 것입니다.

집합

턱스크, 입스크… 마스크를 쓴 거야, 만 거야?

자, 지금까지 숨 가쁘게 달려왔습니다. 이제 끝으로 현대수학에서 빼놓을 수 없는 '집합'에 관한 이야기를 짧게 덧붙이며 마무리하려고 합니다. '집합론'은 20세기 이후 수학의 거의 모든 분야로 깊숙이 침투함으로써 과거와 다른 차원의 수학으로 발전하게 됩니다. 흔히 '고전수학'이라고 부르는 것은 집합론 이전의 수학을 말하고, '현대수학'이라고 부르는 것은 바로 집합론 이후 발전해온 수학을 말하죠.

√ 어떤 '기준'으로 '분류'할 것인가?

먼저 집합의 개념을 쉽게 설명하면 어떤 '기준'으로 '분류'할 수 있는 것들의 '모임'을 말합니다. 좀 더 구체적으로 살펴볼까요? 지구

촌에는 국가 이름도 알 수 없는 무수한 나라들이 존재합니다. 2020년 기준으로 유엔 국제기구에 공식적으로 등록된 전 세계 국가는 195개 정도라고 합니다. 그중에는 우리 대한민국도 포함됩니다. 대한민국에는 서울특별시를 비롯한 17개의 지방정부가 존재합니다. 그중 서울시에는 25개의 구청이 있습니다. 그중 양천구는 18개의 동으로 구성되어 있죠. 앞서 말한 대로 집합은 일종의 모임입니다. 우리 집이라는 집합에는 아빠, 엄마, 철수, 영희가 속해 있는 거죠. 또한 집합에 들어 있는 구성원들을 원소라고 부릅니다. 집합개념을 적용하여 우리집을 표현하면 다음과 같습니다.

A(우리 집)= {아빠, 엄마, 철수, 영희}

이처럼 세상의 많은 것들은 집합으로 '모임'을 만들 수 있습니다. 물론 집합이 되려면 당연히 각각의 모임을 분류하는 기준이 명확해야 합니다. 그 기준은 이분법으로, 예컨대 존재(0)/비존재(×), 있다(0)/없다(×), 안(0)/밖(×), 양(0)/음(×) 등으로 생각할 수 있습니다. 추상화된 본질은 같습니다. 즉 '있다(0)/없다(×)'를 숫자로 대응하여 각각 0과 1로 생각해보면 컴퓨터의 연산 방식인 이진법이 되는 거죠.

컴퓨터에서 이진법이 사용되는 이유 또한 논리의 조립이 간단하고, 컴퓨터에서 사용하는 소자(素子, element)가 0과 1의 두 상태밖에 구별되지 않는 것이 많기 때문입니다. 소자(素子, element)는 전기회로, 자성 재료, 반도체 장치, 안테나 등에서 널리 이용되는 주요 구성 요소 중 하나입니다. 전기회로(=A)가 집합이라면 소자는 전기회로 집합의 원소가 됩니다.

√ 머신러닝, 인공지능에게 분류를 학습시키다

앞에서 잠깐 설명했던 인공지능의 지도학습에도 집합의 개념이 활용됩니다. 지도학습이란 머신러닝의 주요 학습 방법으로 사물(X)과 이름(Y)의 짝을 무수히 학습하는 방법입니다. 구체적인 예를 들어 볼까요? 코로나19 유행의 장기화와 함께 감염 확산 예방을 위하여 마스크 착용은 우리 생활에서 필수가 되었습니다. 최근에는 인공지능 기술이 크게 발전하면서 사람들의 얼굴을 인식하여 마스크를 착용했는지를 판단하는 인공지능이 개발되었죠. 인공지능은 마스크를 착용한 사람과 마스크를 착용하지 않은 사람을 분류합니다. 즉 머신러닝의 분류에 집합이라는 수학 개념이 활용되는 거죠.

지도학습을 위해 컴퓨터에게 집합의 이름과 그에 해당하는 집합 원소들을 입력합니다. 예컨대 마스크를 쓴 사람 집합은 마스크를 쓴 사람의 사진을 200장 이상 입력하고, 반대로 마스크를 안 쓴 사람의 집합은 마스크를 안 쓴 사람의 사진을 200장 이상 입력하는 거죠. 컴퓨터는 스스로 집합을 분류할 기준(모델)을 만드는데, 이때 활용되는 것이 바로 머신러닝이죠. 분류된 데이터를 바탕으로 컴퓨터는 마스크를 쓴 사람들과 안 쓴 사람들을 구분할 수 있게 됩니다.[30]

#턱스크_#입스크_#이건_ 쓴 거야_만 거야_#인공지능_#분류는_어려워

물론 인간은 매우 복잡미묘한 존재이고, 이런 인간들이 만들어가는 복잡한 세상만사를 무조건 이분법에 의존해 나누기 힘들 때가 많습니다. 마스크만 해도 그렇습니다. 마스크를 쓴 건지, 안 쓴 건지 구분하기 애매한 사람들이 있게 마련이죠. 즉 턱스크, 입스크, 코스크 등처럼 애매하게 마스크를 쓴 사람도 많이 있으니까요. 이를 판단하게 하려면 인공지능에게 또 다른 분류 기준을 마련해줘야 합니다. 즉 인공지능이 마스크를 쓴 사람과 마스크를 쓰지 않은 사람뿐만 아니라 턱스크와 코스크 등 마스크를 제대로 착용하지 않은 사람을 구분하게 하기 위하여 분류 기준을 하나 더 추가하여 집합을 만들고, 그에 해당하는 원소들을 입력하여 인공지능을 학습시킬 수 있습니다. 바둑황제를 꺾고 유명해진 인공지능 알파고의 경우도 결국은 엄청난 양의 데이터를 분류하여 승리확률을 높이는 방식으로 수많은 바둑의 수(手)를 학습한 것입니다. 자율주행자동차의 인공지능도 마찬가지입니다.

√ 스스로 나누고 분석하는 과정에서 차이를 발견하다

사실 우리 인간의 뇌도 매 순간 분류작업을 수행합니다. 살면서 쌓아온 지식과 경험을 기준으로 삼아 순식간에 분류를 해내는 거죠.

30. 아래의 사이트는 머신러닝에 관한 체험 사이트입니다.
https://teachablemachine.withgoogle.com/train/image

대체로 워낙 무심코 이루어지기 때문에 우리는 분류를 하는지조차 의식하지 못하죠. 예컨대 아주 어린 아이들은 호랑이도 고양이고, 고양이도 고양이라고 하는 경우가 있습니다. 태어나서 오직 고양이만 본 적이 있는 어린아이라면 처음 호랑이를 봤을 때 고양이의 모습과 닮은 호랑이를 큰 고양이 정도로 분류하는 거죠. 하지만 머지않아 호랑이와 고양이를 분류하는 다양한 기준을 학습합니다. 그리고 일정 연령 이상이 되면 더 이상 호랑이와 고양이를 보고 이게 호랑이인지 고양이인지 오래 고민해야 하는 사람은 없죠. 경험적으로 누적된 데이터들을 기반으로 뇌가 순식간에 고양이인지 호랑이인지 분류해버리기 때문입니다.

머신러닝도 이와 비슷합니다. 인공지능 컴퓨터에게 분류기준이 될 만한 엄청난 수의 데이터를 입력함으로써 컴퓨터 스스로 분류할 수 있도록 지도하는 방법인 셈이니까요. 다만 이러한 과정에는 일단 인간이 컴퓨터에게 분류 데이터를 입력시켜주어야 한다는 전제가 필요합니다.

하지만 여기서 한발 더 나아가면 더 이상 인간이 분류된 데이터를 제공해줄 필요가 없습니다. 그냥 데이터를 제공하면 컴퓨터가 알아서 나누고 분석하는 과정에서 차이를 발견하고, 차이를 기준으로 분류를 해내니까요. 이것을 **비지도학습**이라고 합니다. 다시 말해 우리 인간이 무의식적으로 해내는 분류가 인공지능에게 아직은 꽤 어려운 과제인 셈이죠. 아무리 뛰어난 인공지능이라도 인간처럼 자유롭게 생각할 순 없다는 뜻입니다.

비록 컴퓨터가 많은 것들에 대해 인간보다 훨씬 빠르고 정확하게 수행할 수 있지만, 그럼에도 불구하고 인간이 가진 신비한 능력에 미치려면 아직 갈 길이 멀다는 것을 알 수 있습니다. 어떻게 보면 인공지능 연구의 궁극적 목표도 결국 인간의 뇌와 거의 비슷하게 사고하게 만드는 것이라고 할 수 있으니까요.

∞

자, 이제 수업시간에 배웠던 집합의 원리가 인공지능 컴퓨터의 판단 능력을 키우는 데 어떻게 기여하는지 조금은 알게 되었나요? 수학을 교과서 가득한 공식과 문제풀이로만 바라본다면 그저 무의미한 숫자들이 어지럽게 난무하는 어렵고 짜증나는 과목으로 생각할 수밖에 없을 것입니다. 하지만 우리가 수학의 언어를 이해함으로써 수학 시간에 배운 이론과 개념이 실생활에서 어떻게 적용되고 있는지에 대해 좀 더 관심을 기울인다면, 앞으로 꽤 많은 것들이 달라지지 않을까요? 예컨대 호감을 느끼는 상대의 이모저모를 파악하기 위해 이런저런 관심을 기울이는 것처럼, 외계어처럼 생각하며 외면하기 일쑤였던 공식 속 숫자들을 좀 더 의미 있게 그리고 좀 더 흥미롭게 바라보려고 노력하게 될 테니까요. 아울러 세상에 무질서하게 존재하는 것처럼 보이는 수많은 것들에 숨겨진 재미있는 규칙들을 발견할 수 있을 것입니다. 어쩌면 여러분 스스로 세상을 바꿀 만한 새로운 규칙을 만들어낼지도 모릅니다. 그런 것들이야말로 우리가 수학을 공부해야 하는 진짜 이유일 것입니다.

김민형, 《수학이 필요한 순간》, 인플루엔셜, 2018.

김용운·김용국, 《수학사의 이해》, 우성, 2002.

박부성, 《천재들의 수학 노트》, 향연, 2003.

이광연, 《미술관에 간 수학자》, 어바웃어북, 2018.

이광연, 《웃기는 수학이지 뭐야》, 경문사, 2003.

이창옥·한상근·엄상일, 《세상 모든 비밀을 푸는 수학》, 사이언스북스, 2017.

임완철, 《읽는다는 것의 미래》, 지식노마드, 2019.

정경훈, 《한번 읽고 평생 써먹는 수학 상식 이야기》, 살림출판사, 2016.

닉 폴슨·제임스 스콧, 《수학의 쓸모》 (노태복 옮김), 길벗, 2020.

다케우치 가오루, 《소수는 어떻게 사람을 매혹하는가?》 (서수지 옮김), 사람과나무사이, 2018.

롭 이스터웨이·제레미 윈덤, 《왜 월요일은 빨리 돌아오는 걸까?》 (이충호 옮김), 한승, 2005.

스티븐 스트로가츠, 《X의 즐거움》 (이충호 옮김), 웅진씽크빅, 2017.

이언 스튜어트, 《교양인을 위한 수학사 강의》 (노태복 옮김), 반니, 2018.

조던 엘런버그, 《틀리지 않는 법》(김명남 옮김), 열린책들, 2016.
지즈강, 《수학의 역사》(권수철 옮김), 더숲, 2011.
찰스 윌런, 《벌거벗은 통계학》(김명철 옮김), 책읽는수요일, 2019.
키스 데블린, 《수학으로 이루어진 세상》(석기용 옮김), 에코리브르, 2003.
팀 샤르티에, 《달콤새콤 수학 한입》(김수환 옮김), 프리렉, 2017.

김홍겸, 2020, 〈수학학습부진아 지도 방법에 따른 학업성취도 향상에 대한 메타연구〉, 《한국수학교육학회지 시리즈A, 수학교육, 제 59권, 제 1호》, p.34
박선용, 2011, 〈카발리레이 원리의 생성과정의 특성에 대한 고찰〉, 《한국수학사학회지》, 26:2, 17-30.

교육부 보도자료, 〈2019년 국가수준 학업성취도 평가 결과 발표〉, 2019.11.29.
사교육걱정없는세상, 〈사교육걱정없는세상 교육통계 보도자료〉, 2015.7.22. https://data.noworry.kr/170
차미영, 〈인공지능으로 코로나19 바이러스 진단 예측〉, 《ibs(기초과학연구원)》, 2020.3.12.

https://www.ibs.re.kr/cop/bbs/BBSMSTR_000000000971/selectBoardArticle.do?nttId=18201

Kevin W. Mickey, James L. McClelland, 2014, 〈A neural network model of learning mathematical equivalence〉, 《Proceedings of the Annual Meeting of the Cognitive Science Society》, 36(36), p.1014

Lalley, James P ; Miller, Robert H, The learning pyramid: does it point teachers in the right direction?, 《Education (Chula Vista)》, 2007-09-22, Vol.128 (1), p.64

Marc Mangel and Francisco J. Samaniego, 〈Abraham Wald's Work on Aircraft Survivability〉, 《Journal of the American Statistical Association》, Jun., 1984, Vol. 79, No. 386, 1984, pp. 259-267

Wigner, E. P., 1960, "The unreasonable effectiveness of mathematics in the natural sciences". Richard Courant lecture in mathematical sciences delivered at New York University, May 11, 1959. Communications on Pure and Applied Mathematics. 13: 1–14.

강건택, 〈[미 대선 D-9] 4년전 체면 구긴 여론조사…이번엔 맞힐까〉, 《연합뉴스》, 2020.10.25.

김대복, 〈피보나치 수열로 본 국내 증시 투자법〉, 《한국경제》. 2019.4.28.

김윤수, 〈"코로나 완치자들 사람과 접촉많은 곳에 전면배치… '방패면역' 생긴다"〉, 《조선비즈》, 2020.5.12.

허세민, 〈'문재인 학생'이 알고 싶은 함수관계는?…"부동산이요"〉, 《서울경제》, 2020.8.18.

π